U0362989

本书由广西壮族自治区八桂青年学者“中国—东盟海洋合作”岗位经费资助出版。

东盟国家海洋管理
理论与实践研究

Study on the Theory and Practice of Maritime Management of ASEAN's Countries

雷小华　著

图书在版编目（CIP）数据

东盟国家海洋管理理论与实践研究 / 雷小华著 . —
北京：中国商务出版社，2020.6
ISBN 978-7-5103-3382-8

Ⅰ . ①东… Ⅱ . ①雷… Ⅲ . ①海洋—管理—研究—
东南亚国家联盟 Ⅳ . ① P7

中国版本图书馆 CIP 数据核字 (2020) 第 088640 号

东盟国家海洋管理理论与实践研究
DONGMENG GUOJIA HAIYANG GUANLI LILUN YU SHIJIAN YANJIU

雷小华 著

出　　版：中国商务出版社
地　　址：北京市东城区安定门外大街东后巷 28 号　邮编：100710
责任部门：国际经济与贸易事业部（010-64269744　bjys@cctpress.com ）
责任编辑：侯青娟

总 发 行：中国商务出版社发行部（010-64266119　64515150 ）
网购零售：010-64269744
网　　址：http://www.cctpress.com
邮　　箱：cctp@cctpress.com

印　　刷：天津雅泽印刷有限公司
开　　本：787 毫米 ×1092 毫米　1/16
印　　张：13　　　字　　数：221 千字
版　　次：2020 年 7 月第 1 版　　　印　　次：2020 年 7 月第 1 次印刷
书　　号：ISBN 978-7-5103-3382-8
定　　价：52.00 元

序　言

笔者接触东盟国家海洋战略、海洋权益维护的研究是从 2011 年开始的，那一年相继获得国家社科基金“东盟主要成员国海洋战略研究”、广西社科规划课题“东盟主要成员国海洋权益意识及广西海洋资源开发对策研究”等课题立项，此后又主持广西壮族自治区党委、政府的重大课题“广西参与中国—东盟海洋合作战略研究”，让我对东盟国家海洋研究有了一定的基础和积淀。此后几年南海争端一度激烈化，所谓“知己知彼、百战不殆”，故从那时候开始萌生写作一本以介绍东盟国家海洋权益维护与海洋执法体制为主题的书，此后，开始断断续续写作本书。该书的成稿时间是在 2017 年，但由于经费欠缺和工作繁忙等因素，未能及时进行整理校对，故一直未与出版社联系出版事宜。直到多名尊敬的长者和导师提醒，才重拾书稿进行校对编辑，故只能自我调侃“也许问世会迟到，但绝不会缺席”。因为成稿时间较早，所以主要数据截至 2017 年，这是本书的一个遗憾，只好留待将来有机会再版时进一步修订和完善。

本书得以完成得益于我的导师庄国土教授、韦红教授的悉心指导，得益于广西社会科学院东南亚研究所全体同事的热心帮助，特别是孙小迎研究员、李碧华副译审提供了有关越南的研究资料。同时，也与广西社会科学院、厦门大学南洋研究院、其他有关单位及各位同仁的支持和帮助是分不开的，对此表示衷心的感谢。东盟国家海洋权益维护与海洋执法体制每年每月都在发展变化，而本书的理论基础、实地调查研究、所获得资料都很有限，因此难免存在不足之处，恳请广大读者批评指正，非常感谢！

雷小华

于 2020 年春

目　　录

第一章　导论

一、研究的背景、重要意义

海洋蕴藏着丰富的自然资源，是地球生命的摇篮和人类文明的发源地。21世纪是海洋的世纪，也是各国愈发重视海洋的时代，人们越来越认识到海洋是人类生存的另一个重要空间，是实现人类可持续发展的重要领域。因此，全球144个沿海国都纷纷重视维护本国的海洋权益，各国竞相争夺自身海洋权益的斗争所导致的矛盾也日益激烈，特别是1994年《联合国海洋公约》（以下简称《公约》）开始生效后，沿海国家的海洋权益第一次全面而系统地在《公约》里得到规定，从而使各国开发和利用海洋资源，实施海洋战略，维护海洋权益走上了法治化、规范化的道路。《公约》的生效实质上是第一次用国际法的形式对海洋资源和权力的再一次分配，奠定了当代国际社会海洋新秩序的法律基础，宣示着新的国际海洋新秩序的建立。《公约》还唤醒了沿海国家重视并开发利用海洋资源的意识，为了争取海洋资源的最大化，竞相依据《公约》争夺抢占关键海洋岛屿、海洋资源丰富的海域和重要海洋战略通道，不仅传统海洋霸权主义国家（如英、美等国）继续谋求保持和扩大海洋霸权，保持海洋强国地位，广大发展中国家的海洋权益意识也日益觉醒，尽最大可能地抢占海域[①]。随着更多的国家批准加入《公约》并利用《公约》维护本国海洋权益最大化，世界海洋权益重新面临分配，海洋权益的斗争也越来越激烈。据不完全统计，全球大约有300多处海域和100多个岛屿存在主权或管辖权的争端。

在此背景下，目前，我国主要与东盟国家菲律宾、越南、马来西亚、文莱等存在海洋权益争端，上述4个国家加快了海洋权益维护的步伐，近些年纷纷出台海洋战略和海洋政策以维护其海洋权益，这些国家和地区的海洋战略将对

---

① 吴莉．论中国南海海洋权益的保护[J]. 中国水运（下半月刊），2010，10（12）:54-56.

我国的海洋权益和海上安全产生重大影响。要构建和谐海洋，维护我国合法的海洋权益，有必要对东盟国家（其中主要是越南、菲律宾、马来西亚、印度尼西亚）的海洋权益维护和执法体制进行深入研究，为我国维护海洋权益提供重要的参考借鉴。虽然随着菲律宾杜特尔特总统上台执政，中菲关系全面恢复，中国还与菲律宾达成了联合开展海洋勘探活动的共识，南海局势得到了缓和。在此背景下，中国与东盟双方一起加快了《南海行为准则（COC）》的谈判进程，南海局势向好局面发展的势头进一步凸显。但由于南海争端的历史复杂性，加上海洋经济对周边国家国民经济的重要贡献以及各国民族主义情绪普遍上升，同时，域外大国加大了对南海争端的干预力度，因此，短期内，南海向好趋势仍存变数。

本书的研究有利于及时掌握东盟国家海洋权益维护与海洋执法体制的历史与动态，从而为中国推进共商共建共享"一带一路"建设、加强与东盟的海洋合作、建设中国—东盟海洋共同体、制定海洋政策、和平解决南海争端、积极有效地维护中国海洋权益等方面提供科学参考依据。

二、国内外研究现状

关于现状的研究，代表性的文章有刘中民著的《中国国际问题研究视域中的国际海洋政治研究述评》，认为关于海洋政治研究主要散见于国际政治和国际法两个领域，认为应该加强国际政治与国际法的联动。本书在遵循此种视角的前提下，综合运用国际政治和国际法分析方法，在进一步综合国内外对本课题的研究现状后将其分为两大类：一类是以不同的行为主体为研究对象来论述其海洋权益维护和海洋执法体制；另一类是从不同角度来分析海洋权益和海洋执法体制。如有的将东盟作为一个整体研究对象分析其21世纪海洋战略，但东盟作为一个整体来说，由于其成员国国情不同而具有不同的国家利益，其海洋权益分歧较大，因此不可能有一个清晰的海洋战略和海洋权益意识。如孙纯达的《21世纪的东盟海洋战略》、马嫚的《试析东盟主要成员国的海洋战略》。雷小华的《泛北部湾国家海洋战略比较研究》从对泛北部湾国家的海洋战略，从目标、目的和策略等三个方面进行比较分析，认为虽然各自的海洋战略目标并不一样，但目的大致相同，重点在于经济和战略利益，采取的策略也大致相似[1]。Schwarz, Jurgen，Wilfried A. 的 *Herrmann & Hannas-Frank Seller：Maritime Strategies in Asia*，主要是从航行安全与航行自由的角度分析，分析亚洲国家的关切，如何应对航行安全与自由的挑战，亚洲国家海军现代化以及加强国际合作等内容，但这是从西方国家思维的模式出发的，重点关注西方人所关切的航行安全与航行自由[2]。Sheldon W. Simon 的 *The Many Faces of Asian Security* 主要论述了亚洲传统安全的性质正在发生变化以及亚洲安全正呈现非常规化的特点[3]，认为亚洲国家存在传统海洋安全与非传统海洋安全，以日本与东南亚的海洋安全合作为例来说明加强安全合作共同应对挑战是可选择的方式并对亚洲各国安全所面临的技术与军事影响进行分析，同时，作者认为中美关系好坏是亚洲稳定与否的关键，中国台湾问题的解决最好是通过和平的方式，这对各方都是最有利，最可接受的[4]。

也有的分析单一国家的海洋战略、海洋安全、海洋权益和海洋执法体制，但单一国别海洋战略或者海洋权益并不具有普遍性。如吴士存的《中菲南海争议 10 问》，Senia Febrica 的 *Maritime Security and Indonesia: Cooperation，Interests and Strategies*。后者主要以印度尼西亚参与国际海洋安全合作为例，运用国际关系理论和政治学等多种分析方法，对新兴国家进行安全合作和不合作进行了评估，对日益严重的海上恐怖主义和海上抢劫问题以及如何在单边、双边、区域和多边各级处理这些威胁进行了分析，第一次深入研究了印度尼西亚在海事安全领域的决策过程[5]。于向东的《越南全面海洋战略的形成述略》全面叙述了越南海洋战略规划的形成过程、主要内容及其意义。覃丽芳的《越南海洋经济发展研究》，从海洋经济的角度，综合越南海洋经济发展相关政策、文件、

---

① 吕余生 . 泛北部湾合作发展报告（2012）[M]. 北京：社会科学文献出版社，2012：247–260.

② Schwarz, Jurgen, Wilfried A. Herrmann & Hannas–Frank Seller：Maritime Strategies in Asia[M].White Lotus co.，Ltd. Bangkok 2002, pp.1–15.

③ Sheldon W Simon. The Many Faces of Asian Security[M]. Publisher: Rowman & Littlefield，Publishers（August 21, 2001）.

④ 同上。

⑤ Senia Febrica. Maritime Security and Indonesia: Cooperation, Interests and Strategies[M]. Routledge, 27，March, pp.1–100.

措施和相关统计数据分析了越南海洋经济发展情况[①]。Emilio C 的 *Marayag*, *Maritime Strategy of the Philipplines*、郝晓静的《越南海洋政策的演变（1995—2011）》，从历史演变的维度，认为越南海洋政策是在复杂的国际环境中，是在海洋实力有所提升、海洋意识膨胀的基础上逐渐演变而成的[②]。雷小华的《印度尼西亚海洋管理制度研究与评析》，主要分析了印度尼西亚的海洋管理制度，包括海洋政策、法律、执法力量与体制以及优劣势分析[③]。雷小华的《菲律宾海洋管理制度研究与评析》，主要分析了菲律宾的海洋管理制度，包括海洋政策、法律、执法力量与体制以及优劣势分析[④]。

另一类是从不同角度来分析其海洋战略、海洋权益及其影响。不同的角度如：理论的角度，运用海权、海洋战略、海洋权益等理论来分析亚洲海权地缘格局。如：庄国土的《17 世纪东亚海权争夺对东亚历史发展影响》，该文指出 17 世纪以来，为了经济利益，各国展开激烈竞争，拉开了东亚海权争夺的序幕，重点探讨东亚海权争夺的原因、过程和结局，特别强调海权竞争的结果改写了东亚历史发展的趋势[⑤]。庄国土的《海洋振兴的关键是海洋意识的崛起》强调海洋意识的重要作用，同时指出海洋意识的深层内涵是民主、多元、宽容等内容[⑥]。Admiral James Stavridis 的 *Sea Power: The History and Geopolitics of the World's Oceans* 通过作者的海军服役经历，重点分析海军如何作为一个关键因素驱动地缘政治演变[⑦]。鞠海龙的《亚洲海权地缘格局论》，全面梳理新的历史背景下亚洲海权问题的脉络，追溯和解析了历史上亚洲海权地缘格局的发展过程；阐述和解读亚洲未来海权格局转型发展的实质并指出合作共赢的模式是亚洲海权战略的取

---

① 覃丽芳 . 越南海洋经济发展研究 [M]. 厦门：厦门大学出版社，2015：1-7.

② 郝晓静 . 越南海洋政策的演变（1995—2011）[D]. 郑州：郑州大学，2012：I- Ⅳ .

③ 宋秀琚 .“21 世纪海上丝绸之路”与中国——印尼战略合作研究 [M]. 武汉：华中师范大学出版社，2017：48-60.

④ 雷小华，黄志勇 . 菲律宾海洋管理制度研究及评析 [J]. 东南亚研究，2014（1）：64-72.

⑤ 庄国土 .17 世纪东亚海权争夺对东亚历史发展影响 [J]. 世界历史，2014（1）：20-29.

⑥ 沈婷婷 . 海洋振兴的关键是海洋意识的崛起——庄国土访谈 [J]. 海洋世界，2011（6）：28-29.

⑦ Admiral James Stavridis. Sea Power: The History and Geopolitics of the World's Oceans[M]. Publisher: Penguin, June, 2017.

向和价值[①]。李景光、阎季惠编著的《主要国家和地区海洋战略与政策》，涵盖了美国、加拿大、越南、菲律宾、马来西亚、印度等十几个国家的最新海洋事务发展趋势，但该书主要是编撰和介绍了该国的一些代表性的文件和政策，资料性较强，分析解读不够[②]。冯梁主编的《亚太主要国家海洋安全战略研究》，主要研究亚太主要国家的海洋安全战略或者海洋安全政策，把握其主要特点和规律，揭示出对区域海洋安全事务的影响并提出相应对策。该书与本书的结构有相似之处，但本书除了论述海洋权益维护外还重点论述了海洋执法体制以及对其的评析[③]。李双建主编的《主要沿海国家的海洋战略研究》，集中论述了沿海国家海洋战略制定的背景、发展演变和实施的策略等内容。这是一本专题研究海洋战略的著作，但遗憾的是由于涵盖的国家太多，对每个国家的海洋战略未做深入分析，只是简单介绍[④]。Christian Le Mière 的 *Maritime Diplomacy in the 21st Century: Drivers and Challenges*，该书旨在界定现代海洋外交，指出现代海洋外交是包括一切形式的海洋交流活动，参与的主体更加多元，同时对现代海洋外交的意义进行了重点阐述[⑤]。Greg Kennedy Harsh V. 的 *Pant: Assessing Maritime Power in the Asia–Pacific: The Impact of American Strategic Re–Balance* 审议了美国再平衡战略和空海一体战概念以及对亚太国家的影响，同时，指出美国应继续在经济、外交和安全等方面的双边和多边合作中发挥影响作用[⑥]。

海上战略通道的角度，如梁芳的《海上战略通道论》，集中论述了什么是海上战略通道，海上战略通道历史发展轨迹，如何控制海上战略通道等内容并对中国“经略”海上战略通道提出自己的思考[⑦]。

国际法的角度，运用《公约》和相关国际法为立法依据来制定各自国内海洋法律，从而维护海洋权益，做到“有法可依”，如江家栋、曹海宁、阮智刚

---

① 鞠海龙．亚洲海权地缘格局论 [M]. 北京：中国社会科学出版社，2007：1–2.

② 李景光，阎季惠．主要国家和地区海洋战略与政策 [M]. 北京：海洋出版社，2015：1–16.

③ 冯梁．亚太主要国家海洋安全战略研究 [M]. 北京：世界知识出版社，2012：1–6.

④ 李双建．主要沿海国家的海洋战略研究 [M]. 北京：海洋出版社，2014：1–122.

⑤ Christian Le Mière.Maritime Diplomacy in the 21st Century: Drivers and Challenges[M]. Publisher：Routledge，2014.

⑥ Greg Kennedy Harsh V. Pant. Assessing Maritime Power in the Asia-Pacific: The Impact of American Strategic Re-Balance[M]. Publisher: Routledge, 2016.

⑦ 梁芳．海上战略通道论 [M]. 北京：时事出版社，2011：1–7.

主编的《中外海洋法律与政策比较研究》，将我国的海洋法律与政策同《公约》以及美国、日本等海洋强国和俄罗斯、韩国等海洋邻国的海洋法律与政策，集中就海洋战略、海洋权益维护和领海、毗连区、专属经济区、大陆架制度方面进行比较分析[①]。其他如朱凤岚的《亚太国家的海洋政策及其影响》、赖文全主编的《亚太地区海洋法与海洋问题的战略地位》等都是从国际法的角度进行论述。

综合分析的角度，主要是从政治、经济、外交、军事等方面来分析海洋战略产生的背景、目的和维护海洋战略的手段、策略等，如范厚明的《国外海洋强国建设经验与中国面临的问题分析》，全书阐述了中国周边主要国家海洋强国建设的现状及经验，分别从海洋军事、海洋产业、海岛开发、海洋权益、海洋环保、海洋科教等方面进行综合论述，但该书对主要大国论述较多，对东盟国家进行简单论述，而且缺少国际政治分析。[②]

国际问题研究的角度，围绕某一国际问题，例如，研究南海争端中各方政策和态度等，如吴士存的《南沙争端的起源与发展》、李金明的《中国南海疆域研究》、李金明的《南海波涛：东南亚国家与南海问题》、鞠海龙的《南海地区形势报告：2013—2015》、Conference Report 的 *The South China Sea：Towards a cooperative Management Regime*、刘中民的《冷战后东南亚国家南海政策的发展动向与中国的对策思考》、Leszek Buszynski Christopher B. Roberts 的 *The South China Sea Maritime Dispute: Political，Legal and Regional Perspectives*。Sam Bateman Ralf Emmers 的 *Security and International Politics in the South China Sea: Towards a Co-operative Management regime* 从国际政治和安全的角度来探讨南海争端，概括了南海争端的历史以及各国为争议解决所付出的努力，分析指出目前面临的传统与非传统安全威胁为南海安全合作提供了基础[③]。

综合国内外现状的分析，目前国内外学术界对东盟国家海洋权益维护与海权争夺的相关文献较丰富，但研究南海相关国家海洋执法体制的研究成果极少，全面深入的研究成果基本阙如。现有研究成果分析的视域主要是从国际政治和

① 江家栋，曹海宁，阮智刚 . 中外海洋法律与政策比较研究 [M]. 北京：中国人民公安大学出版社，2014：1-10.

② 范厚明 . 国外海洋强国建设经验与中国面临的问题分析 [M]. 北京：中国社会科学出版社，2014：1.

③ Sam Bateman Ralf Emmers. Security and International Politics in the South China Sea: Towards a Co-operative Management Regime[M]. Publisher：Routledge，2008.

国际法两个维度，但总体上来讲，主要还是宏观论述较多，发达国家的研究较多，从单一的国际法或者国际政治论述的较多，但具体中观到东盟国家特别是微观到海洋权益维护和海洋执法体制的研究较少，结合国际政治和国际法两个维度来进行研究的较少。东盟国家虽然都是中小国家，但他们大都是海洋国家，特别是菲律宾与印度尼西亚还是群岛国家，他们战略位置重要，各国比较重视海洋权益维护与壮大执法力量。同时，东盟部分国家与我国在南海存在主权争议，各国都宣称对南海部分岛礁拥有主权，从这个角度来讲，研究东盟国家海洋权益的维护对于维护我国海洋权益也具有重要的参考价值和意义。同时，本书也在吸收同仁学者的研究基础上，试图将国际政治与国际法结合起来考虑，主要在海洋权益理论的指导下，综合吸收海权、海洋战略、海洋外交等相关理论的指导，在论述各国海洋权益维护时既要从国际法的角度来论述，同时，强调海权、海洋外交、海军力量现代化的重要性。虽然总体上东盟国家的海军力量都比较弱，但他们努力实现海军现代化的努力从未停止过，特别是各国国内环境相对比较稳定，经济发展相对较快，积累了大量的国民财富，于是东盟国家努力发展海军现代化，海军军备竞赛在东亚区域表现尤为显著。在论述各国海洋执法体制时，既强调要遵守国际法，也强调壮大执法力量和理顺执法体制。

因此，本书试图在前人的研究成果的基础上，重点考察相关国家的海洋权益维护和海洋执法体制以期探讨出管控和缓解南海争端的较好方式和机制。

三、本书的主要内容

（一）基本思路

主要是以海洋权益理论为指导，结合海权理论、海洋战略、海洋外交等相关理论，综合运用国际政治与国际法相结合的分析方法与视角，以东盟国家（主要是越南、菲律宾、马来西亚、印度尼西亚、文莱、泰国）为分析对象，在具体分析其海洋权益的维护与海洋执法体制的基础上，总结出各国海洋权益维护与海洋执法体制的一般规律与执法特征，从而为科学制定我国的海洋战略提供参考依据，针对特定的国家制定针对性对策等，从而有的放矢，实施“一国一策”。

（二）主要内容

东盟国家海洋权益维护与海洋执法体制的研究是一个系统而庞大的工程，

涉及多学科交叉和多个国家。研究的内容主要有以下几个方面：

1. 海洋权益的理论内涵和界定

这部分是理论研究，目的是搞清楚海洋权益的内涵以及与海洋权益相关的几个概念如海权、海洋战略等的区别与联系，这为后面的研究提供理论基础和指导意义。

2. 具体分析东盟国家的海洋权益维护

主要分析东盟国家（主要是越南、菲律宾、马来西亚、印度尼西亚、文莱、泰国）海洋权益维护，具体分析其海洋权益维护的目标、目的、策略、手段等，探索找出东盟国家海洋权益维护的共同点和不同点，分析其基本特征与一般规律，从而为科学制定我国的海洋战略提供参考依据，针对特定的国家制定针对性对策等。选取越南、菲律宾、马来西亚、印度尼西亚、文莱、泰国等国作为分析对象，其中越南、菲律宾、马来西亚、印度尼西亚为重点研究对象，理由是越南、菲律宾、马来西亚、文莱等 4 国与中国存在南海岛屿争端，而印度尼西亚仅与中国存在南海海域争端。对这 4 个国家的研究有利于掌握其维护海洋权益的历史与动态，为维护我国海洋权益以及和平解决南海争端提供科学参考依据。因为文莱的影响力相对较小，所以未做重点分析。选取印度尼西亚作为重点分析对象的理由：一是印度尼西亚是群岛国家，研究印度尼西亚如何利用国际海洋法维护群岛国家的海洋权益非常有意义；二是印度尼西亚处于马六甲海峡、巽他海峡、龙目海峡等国际重要海上战略通道的位置；三是虽然印度尼西亚与中国没有岛屿主权争端，但在纳土纳群岛海域存在海域重叠。近些年，印度尼西亚在纳土纳群岛海域也采取了较强硬的措施，如增加该海域的军事部署和对外国非法捕捞船采取强硬炸毁的方式，引发系列外交纠纷与地区紧张。因此，有必要将印度尼西亚作为一个重点对象来进行研究。将泰国也纳入研究对象的理由是从历史上分析，泰国对大国平衡战略拿捏得非常好，虽然东盟国家都奉行大国平衡战略，但唯有泰国奉行的大国平衡战略非常具有艺术性，值得深入研究与挖掘，所以泰国也简略论述。其他东盟国家，如柬埔寨、新加坡未纳入的理由是他们与中国在南海不存在主权争端，况且中柬关系友好，在国际问题和地区事务上立场相近，因此不作为分析对象。不可否认，其他相邻国家，如日本、澳大利亚、印度，甚至更遥远的美国对东盟国家的海洋权益维护发挥着重要影响力，但一方面受篇幅和精力的限制，另一方面目前业内对这些发达国家的研究也较丰富，所以，本书只在涉及东盟国家海洋权益维护的行动与这些国家相关时才论述他们之间的安全合作，而没有专题论述这些发达国家的海洋权益维护与执法体制。

3. 东盟国家的海洋执法体制

执法体制主要是从海洋法律法规的制定与出台、海洋执法力量与执法部门间的关系与协调来研究执法体制。

4. 对各国海洋权益维护与海洋执法体制进行比较分析

尽管不同国家的国情不同，其海洋权益维护也具有各自特色，但他们确实存在某些共同点和规律性，这些共同点将为我国制定海洋政策、维护海洋权益提供科学参考依据。寻找其不同点主要是为了实施“一国一策”合作策略，毕竟各国国情和历史发展基础都不一样。

（三）重点难点

首先是理论建构，这是本书的理论基础，需要搞清楚海洋权益、海权、海洋战略等概念的含义以及它们之间的联系与区别，为后面的国别研究提供理论指导。其次是如何具体详尽地分析东盟国家海洋权益的维护，包括其海洋权益维护的目标、目的与具体策略等。再次是如何客观准确分析东盟国家海洋执法体制。

难点是受资料搜集的局限，如何科学、客观、准确地分析东盟国家的海洋权益维护的内容、目的、策略、手段等。所谓“知己知彼，百战不殆”，要想维护我国海洋权益，首先必须深入研究对方国家海洋权益维护。由于受到资料收集数量和资料准确性的限制、历史跨度较大等方面的影响，高度提炼、精准概括东盟国家海洋权益维护与海洋执法体制存在较大难度。

（四）主要观点

观点一：东盟国家的海洋权益目标各有侧重，目的大致相同，手段大体相似，主要包括重视加强海洋管理、重视加强海洋安全合作、重视国际法和相关法律法规以及努力加快海军现代化步伐等。

观点二：各国的实力、地理位置、利益诉求等不同，形成了各有千秋、特色鲜明的海洋权益维护与执法体制的基本特征。

观点三：各国海军现代化发展较快的原因是内外因综合的结果。内因主要是近年来，各国经济高速发展，奠定了发展现代化海军的经济实力。外因主要是形势的紧迫感。近年来，各种海上非传统安全事件呈上升态势，国际海洋争端在加剧，为了维护海洋权益，各国加快了发展现代海军的步伐。

观点四：各国普遍加强海洋执法，最大限度地维护海洋权益，但法律法规体系仍需完善，执法力量与执法能力有待提高，执法协调能力有待提升。

（五）主要研究方法

采取定性研究与定量研究相结合、理论与实践相结合的方法，在对东盟国家海洋权益尤其是对一些海洋活动进行定量分析的基础上进行定性分析。本书前期研究主要以文献查阅为主，同时，在积累大量原始材料的基础上，根据研究的进展情况赴越南、菲律宾、新加坡、印度尼西亚、马来西亚等东盟主要国家开展国际考察、专家访谈、问卷调查、举办研讨会等实践活动。

（六）创新之处

1. 思路创新

综合国内外研究现状，大多数前期研究成果都侧重于国际政治或者国际法来进行研究，而本书是将国际政治与国际法结合起来阐述东盟国家的海洋权益维护与执法体制，在论述海洋权益维护时既从国际法的角度，如各国都重视在国际法的指导下，制定国内系列海洋法律法规与政策，又从国际政治的角度来论述，强调各国海洋权益维护时重视海军现代化，重视海洋安全合作，重视大国平衡战略等。

2. 研究内容创新

国内外前期研究成果多集中在对各国的海权、海洋法运用等方面，对各国执法体制的研究却基本阙如，因此，本书对各国执法力量和执法体制进行了重点研究，分析各国执法体制的运行、该体制的优劣势及其对我国的执法启示。

3. 主要资料收集和数据采集创新

首先，搜集了大量的各国海洋管理相关法律法规，包括各国《海洋法》《渔业法》等系列重要法律法规文献，部分甚至被笔者全部翻译成中文版本。其次，对各国海洋经济搜集了大量数据，包括油气产业情况、海洋渔业、海洋旅游等的数据都相对较详细，尤其是海洋渔业的资料更是详细，对各国渔业资源、渔业基础设施建设情况、渔业捕捞量、海水养殖量等都有详细的数据统计。此外，对各国的军事现代化的数据搜集也较为详细，其中包括对空军和海军的现代化装备情况都有详细的数据。

4. 表达方式创新

书中对各国的海洋管理相关法律、执法体制间的关系、相关涉海部门用简明扼要的图表表示，力求使内容更加直观和通俗易懂。

5. 研究方法和手段创新

除了借鉴文献研究方法外，本书大胆采用了专家访谈法和问卷调查法。通过对参加国际会议的越南、菲律宾、马来西亚、印度尼西亚、文莱等国专家或到实地国家进行专家访谈，请他们谈谈对自己国家海洋战略的看法，请他们谈谈自己对于南海争端问题的看法。通过问卷调查了解该国的海洋战略目标、目的和常使用的手段。虽然在研究中并没有将这些研究方法原汁原味地呈现在书中，但观点的获取和论述的背后正是运用了上述研究方法。

第二章 海洋权益及相关概念的辨析

一、海洋权益的概念

海洋权益概念从20世纪80年代初期以后就被广泛使用。我国第一次在1992年通过的《中华人民共和国领海及毗连区法》（以下简称《领海及毗连区法》）中正式使用了这个概念："为行使中华人民共和国对领海的主权和对毗连区的管辖权，维护国家安全和海洋权益，制定本法。"《中华人民共和国专属经济区和大陆架法》也使用了这个概念："为保障中华人民共和国对专属经济区和大陆架行使主权权利和管辖权，维护国家海洋权益，制定本法。"在《公约》中，"权利"一般用"rights"，"利益"一般用"benefits"或者"interests"。海洋权益中的权利是指国家享有或依法行使的主权、主权权利、管辖权和管制权；利益则是指各国享有的或期望获得的海洋上的各种好处、恩惠。海洋权益指的是国家管辖海域内的权利和利益的总称，是指在有关海域中，根据国际法包括国际海洋法规定所享有的权利和可获得的利益[①]。海洋权益不仅包括国家管辖海域范围以内的海洋权利和利益，还包括其他国家管辖的海域或公海但被国际海洋法普遍认可的海洋权益。本国管辖海域的海洋权利是国际公约和国内法确定的，各国在公海和国际海底区域的权利是《公约》确定的。

海上权益具有鲜明的行为主体和性质特征。海洋权益的依据是国际法和国内法，包括国际海洋法律制度、国际惯例、国内法和国家公平合理的权益主张以及历史传统因袭。海洋权益的主体是国家，因为海洋权益获得的依据是国际

---

① 有的学者认为，海洋权益是诉诸武力强行占有的或利用其他手段获取的。例如，英国用炮舰从阿根廷夺取了福克兰群岛，这样的"海洋权益"并非法律赋予的，而是经过战争夺取或抢夺的。但不能说福克兰群岛的海洋权益不属于英国。当然，一般来说海洋权益都是法律赋予的，包括历史传统因袭的或者是国家合理主张的，以和平和合法手段获取的"海洋权益"才能够得到国际社会的尊重和承认。

法，而国际法是调整国家之间关系，可见只有国家才是海洋权益享有的主体。国家所属的部门、单位、集体，可以在维护海洋权益方面承担相应责任与义务，却不是权利主体。海洋权益的空间范围，包括国家管辖海域、国家管辖以外的海域，以及依据国际法享有权利的他国管辖海域。海洋权益的客体是内水、领海、毗连区、大陆架、专属经济区和公海等海域，这些权利和利益由于管辖海域的法律地位不同而有所不同。沿海国家在不同的海洋区域有不同的海洋权利，因此也有不同的海洋利益。海洋权益的主要内容包括海洋政治权益、海洋经济权益、海洋安全权益和海洋科学权益。其中，海洋政治权益主要是跟政治利益、主权归属、海洋管辖权等相关。海洋经济权益主要包括依法开发领海、专属经济区、大陆架以及公海和国际海底区域的海洋资源，发展国家的海洋经济产业等。海洋安全权益主要是指海洋与陆地国土同作为国防屏障，直接影响国家安全，海洋作为国防安全的重要性凸显。按照《公约》，中国拥有 38 万平方千米的领海主权和 300 万平方千米的海域管辖权，但这些海洋权益却遭到部分邻国的侵占，不仅使我国损失了巨大的海洋经济利益，对我国的国家安全也构成了重大挑战[①]。海洋科学权益主要是指海洋作为科学实验基地的研究价值。

综上所述，海洋权益是建立在海洋实践与海洋法发展的基础上的，在实现海洋权益的过程中，有些国家为了能够占有更多的海域，获取更多的海洋利益，不断地寻找各种“历史”或“法理依据”，损害他国固有的海洋权益。这种行为有可能破坏海域的和平国际环境，加剧相关国家间的海域争端[②]。因此，目前问题的关键在于如何建立一套理性的海洋法规则、协议，协调或解决各国之间的海上争端或冲突[③]。从这个角度来看，目前，我国与东盟国家正在推进的《南海行为准则（COC）》的磋商谈判则是对国际法的一大继承与发展。

二、海洋权益的基本特征

从《公约》的规定来看，完整意义上的海洋权益，既包括国家主权管辖范围内的海洋权益，也包括其他国家管辖范围内但依据《公约》规定合法享有的

① 依据《公约》，我国享有 12 海里领海，12 海里毗连区，200 海里专属经济区，而 1 海里≈ 1.852 千米，故换算而得 300 万平方千米。

② 郭渊 . 海洋权益与海洋秩序的构建 [J]. 厦门大学法律评论，2005（2）：122–147.

③ 郭渊 . 海洋权益与海洋秩序的构建 [J]. 厦门大学法律评论，2005（2）：122–147.

必要权利，还包括《公约》规定的公海海域内享有的海洋权益。因此，将国际海洋法作为海洋权益的存在依据和存在条件来看，国家海洋权益的概念在内涵和外延上是能够具有一种确定性的。在此基础上，一般情况下一个国家“海洋权益”的存在具有两大特性。

（一）法律制度之上的确定性

海洋权益存在于国际法（被国际法授予）和国内法（通过国内立法实现）之中，并因之而具有一定的稳定性。《公约》第二部分第一节第二条规定，沿海国在内水和领海（territorial sea）海域（及其上空、海床和底土）享有国家主权（sovereignty），对领海内的一切人和物（除享有外交特权和赦免者以外）均可以行使属地管辖权。领海主权，受《公约》和其他国际法规则的限制，如受无害通过（innocent passage）的国际习惯的限制；沿海国有权依据《公约》第二部分第三节第十七条制定并执行关于外国船舶无害通过本国领海的法律和规章。但《公约》关于无害通过的规定中没有对军事船舶和非军事船舶进行明确区分，我国对此严重保留，我国的《领海及毗连区法》第六条规定外国军事船舶通过我国领海必须经过批准。《公约》规定，沿海国有权在毗连区（contiguous zone）对某些特定事项行使必要的管制权（the right of control）。《公约》第五部分、第六部分规定的大陆架（continental shelf）和专属经济区（exclusive economic zone）是与资源有关的国家管辖海域。《公约》对专属经济区和大陆架法律地位的规定在立法目的和宗旨上比较相近，但两者在权利来源、权利与义务的具体范围和内容上有着一定区别。专属经济区的国家权利被认为是法律拟制的权利，即通过《公约》确定的法律原则和规则而划定产生的；而大陆架的国家权利被认为是自然存在的权利。沿海国在专属经济区享有《公约》规定的主权权利、管辖权，并承担相关义务。

（二）客观存在状态上的稳定性

按照正常情况，一个国家的海洋权益状态应该是明确、安全而且稳定的。所谓正常情况，是从国家外部和内部两个方面来看。首先是在国家外部，该国没有其他国家在《公约》的框架下挑战或否定该国的海洋权益；其次是该国将国际海洋法向国内法进行转化的工作已经做得比较充分，即国际公约赋予该国的海洋权益（主权、主权权利、管辖权、管制权）已经通过其足够数量和质量的国内立法和执法得以充分、正常、有效的实现。

三、海洋权益与海权、海洋战略等相关概念的关系

"海洋权益"是与"海权""海洋战略"等几个基础概念紧密联系的，它们的联系与区别如下。

（一）海洋权益与海权、海洋战略等概念的区别

"海洋权益"（Right）很大程度上基于法律、秩序的认可，基于双赢的目的并力求实现之。主要在权利政治的法理层面及其延伸和派生出的国家利益层面来使用，主要是一个涉及政治和法律的权利政治的综合概念，指与海洋有关的政治、经济和安全的权利和利益。因此，"维护国家海洋权益"在正常条件下是现实可行的，具有现实的国际法律背景。而海权是"Sea Power"（马汉：《海权论》），属于权力政治概念，指拥有或享有对海洋或大海的控制权和利用权，主要取决于单方能力，不具有法律所赋予的稳定性和确定性[①]，主要指借助海洋军事力量，保障国家海洋权利，维护国家海洋利益的国家能力，在某种程度上是一个静态的概念，它更多的是描述一国对于海洋的实际控制能力，由此突出海洋对于国家发展的价值。Power 指迫使他者服从的权力，而 Right 指本身拥有的权利并基于双赢的目的实现之。追求海权的传统战略理念与行为天然要被对方所反对，而且会受到人类和平、正义力量的反对。

"海洋权利"是"国家主权"概念内涵的自然延伸，是国际法赋予主权国家应该享有的海上权利；"海洋利益"指主权国家在特定海域获得的满足本国需要的资源和财富[②]。海洋权益是指在规定海域依据国际法所享有的海洋权利和海洋利益的总称。

"海洋战略"是运用海权，实现海洋权益的谋略、方案、对策[③]。海洋战略呈现的是一个动态的概念，它更多的是一国主观上结合本国的实际情况和当前的国际形势，制定和运用海洋政策以促进国家发展的全部过程。海洋战略有可能正确，有可能错误，有可能彼时正确而此时错误，但它在深度和广度上对

① [美]阿尔弗雷德·塞耶·马汉．海权论：海权对历史的影响[M]. 长春：时代文艺出版社，2014.

② 刘中民．海权问题与中美关系述论[J]. 东北亚论坛，2006，15（5）：69-75.

③ 刘中民．世界海洋政治与中国海洋发展战略[J]. 北京：时事出版社，2009：9-10.

一国的影响是超过海权的[①]。海洋战略具有全局性、指导性、长期性等特征。

（二）海洋权益与海权、海洋战略等概念的联系

（1）海权是维护海洋权益的力量基础，海洋战略是维护海洋权益的谋略。海权越强大就越能维护海洋权益，海权是海洋权益的力量后盾。当今世界，尽管《公约》的生效为世界海洋权益的分配提供了一定的制度安排，但是各国竞相争夺海洋权益的斗争则因沿海国家海洋权利要求的扩大，尤其是权利要求的重叠而导致的矛盾日益激烈，这就要求维护海洋权益必须综合考虑国际战略环境和自身实力采取一定的谋略、策略，才能切实维护海洋权益。

（2）海权建设和海洋战略的目标是维护和实现海洋权益。一个国家海权建设的规模、性质、内容以及程度，海洋战略的制定和实施都以维护海洋权益为目标导向，服从于国家海洋权益的总体要求。[②]

（3）海权的成功和海洋权益的维护依赖于海洋战略的成功实施。因为“海权”属于“硬实力”，海权的成功还得依赖海洋战略的“巧实力”；“海洋权益”属于目标和目的，其维护还得依赖“海洋战略”这个手段、策略来实现。

（4）海权、海洋战略和海洋权益的维护以成功实施海军战略为必要条件。[③]因此，在某种程度上可以说，国家的海军战略决定国家海权和海洋战略的成败。

（5）国家大战略、海洋战略和海军战略三者自上而下构建了一个三层战略体系。在国家大战略框架背景下制定海洋战略、海军战略，其中，海洋战略的中心目标之一是控制海权，巩固和强大海军。[④]科贝特认为，“海军战略仅为战争艺术的一个整合部分。战争是一种政治关系，武力只是用来达到外交政策的目的，换言之，舰队的调度只是手段而非目的。”[⑤]因此，可以认为，海洋

---

① 苏勇．试析克伦威尔时代的英国海权战略 [D]. 成都：四川师范大学，2015.

② 刘中民．中国国际问题研究视域中的国际海洋政治研究述评 [J]. 太平洋学报，2009（6）:78-89.

③ George Modelski, William R. Thompson, Seapower in Global Politics, 1949—1993[M]. Seattle: University of Washington Press, 1998: 3-26.

④ 胡杰．海权危机背景下的英国海洋战略理论 [J]. 中国海洋大学学报（社会科学版），2012（4）：59-63.

⑤ 钮先钟．西方战略思想史 [J]. 广西师范大学出版社，2003：405-406；胡杰．海权危机背景下的英国海洋战略理论 [J]. 中国海洋大学学报（社会科学版），2012（4）：59-63.

战略和海军战略是一种目的与手段的关系。

总之，为简化和揭示它们之间的联系，海洋战略实际上就是运用海上力量，实现海洋权利和海洋利益的谋略。海洋战略的目的是实现海洋权益，海权是保障和实现海洋权益的手段。

由于东盟国家的越南、菲律宾、马来西亚、文莱与我国在南海存在岛屿主权争端和海域划界以及历史性权利等问题争议，因此，东盟国家的海洋权益的维护，不仅依据国际法，还不时利用海权来获取海洋权益的最大化。实践中，东盟国家的海洋权益维护不仅依据国际法，更主要是与海权、海洋战略交织在一起的。研究东盟国家海洋权益维护与海洋执法体制，也就离不开海权、海洋战略，他们往往是交织在一起的。

为此，为实现和维护我国海洋权益，也必须从“硬实力”和“软实力”两方面着手。一方面，合理运用海权力量，加强海军力量建设，维护和保障海洋权益的实现；另一方面，充分利用《公约》赋予的权利和制度安排来维护海洋权益。要加强自身制度和能力建设，包括组织机构的建立、法律的制定、海洋经济和海洋科技的发展和海洋意识的培育、国际合作能力的加强等。同时，我们也绝不能将海洋权益争端与海权争端混淆起来，因为海权争端更多的是军事与安全斗争的权力政治的性质，甚至更多反映了国家之间关系的对抗与冲突，而就当代国际社会而言，尤其是《公约》生效以后，以谈判磋商为主的政治和法律手段已经成为解决国家间海洋权益争端的主要手段。

同理，我国与东盟国家海洋争端的背后虽然不同程度地反映了海权的争夺和较量，其合理解决也需要国家的海权建设作为后盾，但它们更多地属于海洋权益争端的性质，其纷争的解决主要诉诸法律和政治手段通过和平谈判和友好协商解决，这样做符合我国追求和平的外交方针，有利于消除“中国威胁论”的影响，有利于为我国与沿线国家携手共商共建共享“一带一路”营造稳定的周边环境。

四、海洋执法体制的概念

根据《辞海》解释，“体制”是指国家机关、企事业单位在机制设置、领导隶属关系和管理权限划分等方面的体系、制度、方法、形式等的总称。体制与制度紧密相连，制度是本质内涵和精神实质，而体制是制度的外在表现形式和组织实施，是管理国家政治、经济、文化等领域事务的规范体系。具体到海洋执法体制，可将其理解为海洋事务领域的各涉海机构的设置以及各机构的隶属关系和管理权限等方面的规范体系。具体内容主要包括海洋执法的法律依据（包括执法机构设置的法律依据）、执法力量和机构的设置和建设、执法机构间的协调与配合等。

第三章　越南海洋权益维护与海洋执法体制

在1975年南北统一之后的40多年时间里，越南完成了提升海上实力，大力发展海洋经济，构建以海洋强国为根本目标的海洋战略，并随着海洋经济的不断发展，海洋强国建设已经取得了显著成效。在海上实力上，越南从用小舢板运送建筑材料到南沙群岛岛屿修建各种军民基础设施，到强大海军和海上武装力量的建设；在战略目标上，越南完成了从海洋战略到海洋强国战略的制定；在海洋意识上，越南加大了对海洋战略、海洋国土、海洋权益意识的深入人心的宣传；在法律制度上，越南完成了各种相关法律、法规、政策的制定和国防教育教材的出台。

一、越南海洋概况

越南位于中南半岛东部，北与中国接壤，西与老挝、柬埔寨交界，东面和南面临南海，海岸线长3260多千米，陆地面积32.9556万平方千米[①]。越南河流密布，平均20千米海岸就有一条江河出海口，其中长度在10千米以上的有2360条，较大的河流有红河、湄公河（九龙江）、沱江（黑水河）、泸江和太平河等。

越南对外非法宣称约有100万平方千米的海洋区（注：越南宣称的海洋区和海岛非法囊括了中国的西沙群岛和南沙群岛），从北部芒街到南部河仙沿海有岛屿3000多个，其中面积在10平方千米以上的岛屿有20多个，较大的岛屿有盖宝岛、吉婆岛、昆山岛、富国岛等。越南将海域划分为3个部分：北部海域、中部海域和东—西南部海域。越南内陆和领海养殖水域面积22.6万平方千米。越南渔业资源丰富，有6845种海洋生物，其中鱼类2000种，蟹300种，

① 中国外交部 . 越南国家概况 [EB/OL]. [2017-05-26]https://www.fmprc.gov.cn/web/gjhdq_676201/gj_676203/yz_676205/1206_677292/1206x0_677294/.

贝类 300 种，虾类 75 种。南海渔业是越南海洋渔业发展的重点。其中，北部湾盛产 900 种鱼，中部沿海、南部东区沿海和泰国湾等海域每年的鱼产量可达数十万吨[①]。

二、越南海洋权益维护的主要行动与举措

（一）制订海洋战略规划维护海洋权益

1. 越南海洋战略的目标与内容

1986 年，越共六大开启了革新开放的序幕，越共六大文件中对海洋权益和海洋资源的开发利用已经有较多的论述，制定了一系列政治经济新政策。自此，越南对海洋的认识开始从单纯强调海洋捕捞与国家安全转变到对海洋经济和海洋管理等方面认识和开发海洋的综合性政策阶段。越共七大正式使用“海洋经济”的概念，对海洋及其附属岛屿主权归属的强调也进一步明晰化。1996 年 6 月底召开的越共八大的政治报告中明确提出“尤其关注发展海洋经济，与国防安宁相结合”。自此，越南开始重视海岛和沿海地区开发。越共九大制订了海洋经济发展规划。越共十大制定了海洋发展战略，提出要建设海洋强国，指出要早日将越南发展成区域性海洋经济强国。2007 年 2 月 9 日，越共中央十届四中全会出台《到 2020 年越南海洋战略规划》。2012 年 6 月 21 日，越南第十三届国会三次会议通过了《越南海洋法》，将南海争端从主权“声索”扩大到用法律来“固化”。“成为一个海洋强国是我国的战略目标，它是以建设和保卫祖国事业的要求和客观条件出发的。这一观点必须在各级、各行各业及每一个干部、党员和群众中成为潜意识、决心和意向”。[②]从中可以看出越南海洋战略的目标就是要建设成为海洋强国。

2. 制定海洋战略规划维护海洋权益

2007 年 2 月 9 日，越共中央十届四中全会出台《到 2020 年越南海洋战略规划》，强调“21 世纪是海洋的世纪，越南争取到 2020 年建设成为一个靠海洋致富、主权完整、对领海及其附属岛屿拥有主权的海洋强国，拥有海洋的国

① 商务部国际贸易经济合作研究院、中国驻越南大使馆经济商务参赞处、商务部对外投资和经济合作司：《对外投资合作国别（地区）指南——越南篇》（（2018））。

② 这是越共中央委员、中央思想文化部部长何登的文章《发展海洋经济和保卫祖国海域、海岛中的若干思想工作问题》中的一段话，原文载于越南《全民国防》杂志，1995（3）.

家都十分关注海洋并重视制定海洋战略。东海地区，其中有越南海域，具有十分重要的地缘经济和地缘政治地位……海洋以其丰富多样的天然资源，今日对于国家的发展事业具有更加重大的作用。”① 这被视为越南海洋战略的纲领性文件。据此，越南政府对海洋战略的实施进行了具体部署，2007 年 5 月 30 日颁布了《落实〈党中央十届四中全会关于至 2020 年越南海洋战略决议〉的政府行动纲领决议》（27/NQ-CP，简称 27 号决议），要求各级政府和各部门制定具体实施海洋战略的行动纲领、策略和措施。此外，27 号决议还提出要把海洋经济与国防安全结合起来，全部调查、了解和掌握越南全部海域的相关资料，做好解决海上争端的工作，并加强与国际社会在海洋上的合作。越南政府总理 2008 年 6 月 13 日批准了《到 2020 年海洋国际合作议案》。与之相关的海洋相关领域的发展战略也纷纷出台。比如，越南政府 2010 年 4 月 28 日批准了《到 2020 年越南岛屿经济发展规划》，重点发展水产业、旅游业及现代服务业等，目标是到 2020 年，海岛旅游区吸引游客 2700 万至 2800 万人次，其中，国际游客达到 700 万至 850 万人次②；2010 年 9 月 16 日批准了《到 2020 年越南水产发展战略》，目标到 2020 年，水产品总产量为 650~700 万吨，水产养殖占 GDP 的比为 30%~35%，年均增长率为 8%~10%③ 等。

（二）加强舆论宣传，不断强化海洋权益意识

近年来，越南还从培养国民海洋意识，加强国内外舆论宣传等方面维护海洋权益，并基本形成相关战略布局。

---

① ［越］到 2020 年越南海洋战略规划（09-NQ/TW）（Về chiến lược biển Việt Nam đến năm 2020）[EB/OL].http://www.vasi.gov.vn/757/day-manh-thuc-hien-nghi-quyet-09nqtw-ve-chien-luoc-bien-viet-nam-den-nam-2020/t708/c247/i473.

② ［越］到 2020 年越南岛屿经济发展规划（568/QĐ-TTg）PHÊ DUYỆT QUY HOẠCH PHÁT TRIỂN KINH TẾ ĐẢO VIỆT NAM ĐẾN NĂM 2020[EB/OL].https://thuvienphapluat.vn/van-ban/Dau-tu/Quyet-dinh-568-QD-TTg-Quy-hoach-phat-trien-kinh-te-dao-Viet-Nam-104774.aspx.

③ ［越］到 2020 年越南水产发展战略（1690/QĐ-TTg）（Về việc phê duyệt Chiến lược phát triển thủy sản Việt Nam đến năm 2020）[EB/OL].http://www.chinhphu.vn/portal/page/portal/chinhphu/noi-dungchienluocphattrienkinhtexahoi?_piref135_16002_135_15999_15999.strutsAction=ViewDetailAction.do&_piref135_16002_135_15999_15999.docid=654&_piref135_16002_135_15999_15999.substract.

1. 加强舆论宣传，强化国民的海洋意识

美国作者塞利格·哈里森说："中越关于南海岛屿的冲突，是西贡阮文绍政权1973年在越南战争中节外生枝而有意重新挑起来的。该政权企图利用同中国的冲突来振奋民族主义情绪，支撑其摇摇欲坠的地位。"[①] 1974年2月，南沙群岛的6个小岛被越南军队占领。从那时起，越南就开始大肆宣传南海和海洋的重要性。20世纪80年代，特别是1988以后，随着越南大规模侵占南沙群岛，越南在保卫所谓的东海的基础上，进行了大规模、全方位、不懈的努力，加大了对海洋、海洋开发和海洋法的宣传。[②]

在舆论宣传上，越南政府积极动员国内外专家学者拼凑所谓法律与历史依据，以"证明"南海海域、岛屿历来归越南所有并符合国际法规定。同时，越南加强对已经非法占有的争议海域有目的、有针对性地宣示主权，比如在岛屿划定选区、组织移民、旅游慰问、发展通信等，打造海上"软实力"，强化国民海洋意识。越南还积极开展全民国防、全民边防、边界领土国防安全教育和开发海洋教育。

2. 开展对南海领土主权的常态化宣传

（1）越南媒体大肆宣传南海属于越南领海主权。一方面，越南媒体加强宣传对南海主权争端的主张。即使近年两国领导人对南海问题上的分歧达成管控的共识，同时，《南海行为准则》磋商进程也在加快，但越南媒体无顾这些事实，热衷宣传国际上对越南有利的言论。越南的报刊也经常刊登有关专家学者对南海争端的评论文章。此外，越南媒体也经常宣传守岛官兵的战斗生活情况。

另一方面，早在20世纪80年代，越南电视台就有对我国"西沙"和"南沙"的天气预报，春节时也有驻岛官兵欢度节日的电视节目播出，以此来对民众强化宣传所谓越南对南海岛屿的主权存在。2017年的越南海军全年总结大会上，越南海军还请求越南媒体集中报道宣传海洋与岛屿主权维护工作，各单位落实维护越南国家神圣海洋、岛屿和大陆架主权任务执行结果，及时激励干部战士

---

① [美]塞利格·哈里森.中国近海石油资源将引起国际冲突吗？[M].齐沛合，译.北京：石油化学工业出版社，1978：220.

② 孙小迎.稳扎稳打的越南海洋强国战略[J].太平洋学报，2016（7）：34-41.

努力完成各项任务等[①]。

（2）越南经常在国内举办以所谓"南海是越南领土"为主题的图片展览。举行南海是越南领土的图片、资料展示、展览成为越南进行相关宣传的主要途径，并对越南民众产生了重要影响。如 2014 年，越南博物馆举办展示南海是所谓越南领土的图片展览，并在越南全国各地轮流展示；同年 1 月 6 日，越南信息通信部在越南大叻省博物馆主办所谓"黄沙与长沙[②]属于越南及其历史依据"资料展，展览展示包括 200 张越南地图、中国地图和若干西方国家的地图以及越南早期对中国西沙群岛和南沙群岛进行所谓"主权管辖"的 8 张册封等，并展出中国清朝 1908 年出版和民国政府 1919 年、1933 年再版的 3 本"舆图集"，声称西沙群岛与南沙群岛所谓"归属于越南"。2016 年 3 月 2 日，越南通信传媒部、海防市人民委员会在海防博物馆联合举行所谓"越南黄沙与长沙（即中国的西沙群岛和南沙群岛）——历史证据和法律依据"地图和资料展。2017 年 12 月 14 日，越通社联合越苏石油联营公司举办所谓的"祖国海岛"图片展。2018 年 3 月 7 日，越南山罗省举办捍卫国家边界和海洋岛屿主权的图片资料展。2018 年 3 月在庆祝越南共青团成立 87 周年和青年行动月之际，越南共青团举办"长沙生命力——青春的色彩"图片展，旨在宣传青年一代捍卫越南海洋主权和开发海洋资源的认识[③]。2018 年 3 月 23 日，越南清化省信息与传媒厅举办所谓"黄沙与长沙（即中国的西沙群岛和南沙群岛）归属越南——历史证据与法律依据"地图资料展，此次展会展示了 200 多件实物和资料，包括越南古代和法属时期颁布的证明其所谓拥有南海主权的文件与资料，西方国家从 18 世纪至 19 世纪出版的能证明越南拥有所谓的主权的证明材料，自 1930 年代至 1974 年西沙海战时期，越南拥有所谓的主权的证明材料[④]。此外，越南还举办一系列以海洋维权为主题的诗歌朗诵、海洋知识竞赛、介绍岛上官兵生活的图片、影片等活动，进一步在民众中宣传越南的海洋主权，开发海洋资源的意识。

---

① ［越］人民军队报．努力建设正规和现代化的海军力量坚定捍卫国家海岛主权 [EB/OL].http://cn.qdnd.vn/cid-6126/6127/nid-546967.html.

② 即中国的西沙群岛和南沙群岛。

③ ［越］人民军队报．"长沙生命力青春的色彩"图片展正式拉开序幕 [EB/OL].http://cn.qdnd.vn/cid-6157/7197.

④ ［越］人民军队报．"黄沙与长沙归属越南：历史证据和法律依据"资料图片展在清化省举行 [EB/OL].http://cn.qdnd.vn/cid-6157/7197/nid-548155.html.

（三）不断扩张海洋国土，不断宣示海洋主权

1. 不断攫取西沙群岛和南沙群岛的海洋国土

统一后的越南不仅非法继承了越南共和国（即“南越”）政权（包括法殖民者）侵占的我国南沙群岛岛礁，而且违背国际法“禁止背反原则”不断蚕食南沙群岛岛礁。越南政府高层甚至还著书指出占有东海的“黄沙群岛”和“长沙群岛”（即中国南海的西沙群岛和南沙群岛）的重要性远远高于开发沿海岛屿。[①] 从20世纪70年代中期以前的越南文献看，西沙群岛和南沙群岛属于中国是没有争议。越南在国内法上用《国家边界法》，在国际法上用海洋法，管理边界和攫取我国西沙、南沙群岛的主权。同时，越南还倾全力鼓励和支持向海岛移民。

2. 在侵占的南海岛礁上开展各种活动以宣示主权

为了达到实际占有的目的，多年来，越南一直在侵占的中国南海岛礁上进行各种活动以示实际占有主权。

（1）进行大规模基础设施建设。从2002年开始，越南开始在其侵占的中国南海岛礁进行相关建设，截至2015年，越南在其侵占的中国南沙群岛的20多个岛礁上实施大规模填海造地，并同步建设了港池、跑道、导弹阵地、办公楼、营房、宾馆、灯塔等大批固定设施[②]。越南还在万安滩、西卫滩、李准滩、奥南暗沙等建设多座高脚屋和直升机平台等设施。据2016年11月美国智库“战略与国际问题研究中心”报告，越南已在27座南海岛屿完成了填海造地。据亚洲海事透明倡议网站刊登卫星照片指出，近两年来，越南在南沙群岛所占领的10个岛礁累计造岛面积达49公顷[③]。近年来，越南不仅在侵占我国的南威岛等南沙群岛岛礁上强化军事设施建设，还兴建了学校、医院、庙宇、酒店等民用基础设施，并不断往岛上移民。同时，驻扎了约550人一个营的军队。同时，越南还修建了各种旅游基础设施，试图把侵占我国的南威岛建成一个国际旅游

---

① [越]刘文利．越南陆地、海洋、天空[M]．韩裕家，等，译．北京：军事谊文出版社，1992：21．（该书成书于1990年春天，时任越南部长会议主席、后任总书记的杜梅为其写序，并提出要把该书列为干部必读书目）

② 谈中正．岛礁领土取得中的“有效控制”兼论南沙群岛的法律情势[J]．亚太安全与海洋研究，2015（5）:82-96.

③ 越南占领中国南海卫星照罕见曝光[EB/OL].http://junshi.xilu.com/xrjd/20160518/1000010000944732.html.

度假区。2004 年 4 月，越南政府还曾组织旅游团乘坐改装的军舰前往南沙群岛多个岛屿旅游。

（2）在侵占岛礁建设各种纪念碑等。目前，越南已经在其侵占我国的南沙群岛的南威岛、景宏岛、南子岛上修建有胡志明纪念馆；在越南中部广义省的李山岛上修建“黄沙”英雄纪念碑；在庆和省长沙县的长沙群岛云雀岛（即中国南沙群岛敦谦沙洲）建成武元甲大将公园。

3. 通过立法将南海纳入其领海主权

越南通过在党内和国会立法把南海纳入其领海主权。2007 年，越南共产党通过《到 2020 年越南海洋战略规划》，在该战略精神的指导下，2012 年 6 月 21 日，越南第十三届国会第三次会议通过《越南海洋法》。《越南海洋法》第一章第一条对其海洋管辖范围的规定，将中国的西沙群岛（即越南称黄沙群岛）和南沙群岛（即越南称长沙群岛）列入所谓越南“主权”和“管辖”范围内[①]。

4. 开展南海主权所谓归属越南的依据研究

近年来，越南倾举国之力进行南海所谓主要归属该国的历史依据和法理方面研究，其声索的中国西沙群岛、南沙群岛归属越南的所谓依据有如下几个。

（1）历史证据。所谓证据一是越南外交部引用的最早史料是《筹集天南四至路图》中的“广义地区图”及其注释，指出该书中所说的名为“Cat Vang”的，指黄沙之意的“黄沙”，即为今日越南所称之“黄沙群岛”，在 1653 年之前已属于越南。所谓证据二是越南黎贵在 1776 年编纂的《扶边杂录》中提到一处“黄沙渚”便被越南用来混淆视听说是指黄沙群岛。所谓证据三是越南于 1834 年《皇越地舆志》一书中对“黄沙队”的描述，越南声称中方未对黄沙队进行反对即说明越南对西沙群岛行使主权。所谓证据四是 1974 年西贡当局出版的白皮书中抛出一幅《大南一统全图》，但实际上这幅图为民间绘制，具体成图时间和出版单位都不清楚。[②]

（2）地理原因。越南认为越南距南沙群岛较中国距离南沙群岛更近。

（3）国家继承。国家继承是指由于领土变更的事实而引起一国的权利义务

① ［越］越南海洋法（18/2012/QH13）LUẬT BIỂN VIỆT NAM[EB/OL].http://www.chinhphu.vn/portal/page/portal/chinhphu/hethongvanban?class_id=1&mode=detail&document_id=163056.

② 守望南海．越南妄称南海诸岛历来属于越南的荒诞证据 [EB/OL]. http://blog.sina.com.cn/s/ blog_628e78640100esqi.html.

转移给另一国的法律关系。19 世纪初期，安南嘉隆王与明命王时均曾出征西沙群岛，法国殖民时，越南即归法国所有，则西沙群岛亦当归法国所有。法国对这些岛的主权行使是和平的，并足够有力。后来越南海军部队取代了岛上的法国军队。接着越南民主共和国（即“北越”）军队“接管”了原先由越南共和国（即“南越”）军队占领的南沙群岛岛礁。越南声称对西沙群岛和南沙群岛的接管属于所谓“合法”的国家继承。①

（4）反驳中国主张的史料记载的可靠性。越南认为，从中国汉代、宋代等记载至今，海陆变迁甚巨，中国古代即使发现了真正的两群岛也不是现在意义上的群岛了。即使郑和下西洋等大规模的航海活动到过某些岛礁，也只是路过，并没有代表国家政府占领该岛，中国对南沙群岛和西沙群岛未实行过有效占领，因此，除了最先到达外，中国没有通过其他合法途径宣布其获得南沙群岛和西沙群岛的主权。②，实际上这与历史严重不符合。

（四）加大国际石油开采合作，大力发展海洋经济

在南海岛屿争端上，越南为了提高与中国讨价还价的能力，试图将其诉诸国际化，借助国际化炒作来增强谈判的筹码。

1. 吸引外资开发南海争议区域油气资源

越南将侵占的南沙群岛海域划分为上百个油气招标区，吸引国际石油公司参与投标，合作开采油气资源，③这样既能增加国家收入，又能利用其石油利益使南沙群岛争端国际化。自 1998 年对外资开放以来，越南就开始积极引进外资，在南海争议区域进行油气国际合作开发。为此，越南还不惜修改《石油法》，允许外资占比提高到 80% 左右，以此来吸引更多国际石油公司参与油区开发。越南政府已发放油气勘探投资许可证近 50 个④。越南在南海争议区域开采油气资源，每年均获利上百亿美元，中越争议海域的年产油量占越南产油总量的比重相当高，南海石油工业已成为越南第一大经济支柱，占其国内生产总

---

① 南海争端国际法困境：海洋法引发国家间利益冲突 [EB/OL].http://www.360doc.co.

② 南海争端国际法困境：海洋法引发国家间利益冲突 [EB/OL].http://www.360doc.co.

③ 苏乐 . 越南强占中国南海 35 年纪事：2007 年在南沙设县 [EB/OL]. 环球网，http://mil.huanqiu.com/History/2010-05/818158_3.html.

④ 齐锐 . 如何破解南海维权尴尬：中国“出手难” 越南“埋头干”[N]. 南方周末，2011-08-26.

值的30%。由此，越南获得了巨大的海洋经济利益，同时，也将美、日、印度、俄罗斯等世界主要大国卷入这一争端地区，使南海争端不断国际化[①]。

20世纪80年代，越南与苏联合作成立越苏石油联营公司，在南海开发油气资源，共开辟了8块油田，分别是“白虎”“龙”“代洪”“沃克”“巴赫”“巴登”“坦高”及“汉龙”。这些油气田的开发极大地提高了越南的油气产量。到苏联解体前夕，越南已经从原油进口国转变为区域产油国，其石油产量几乎全部来自海上。1990年，越南成为石油输出国。苏联解体后，俄罗斯将越苏石油联营公司划归天然气工业股份公司下属的境外石油天然气股份公司管理。2010年，越苏石油联营公司的合作有效期满，越俄两国对公司进行了改组，两国于2010年12月27日签署的《越俄石油合资公司继续在越南大陆架进行地质勘探和石油开采的政府间协议》修改议定书也开始生效。2010—2015年，越苏石油联营公司石油开采量达2854万吨，其中2015年，开采石油量为510万吨，营业额为38.7亿美元，公司计划2016—2020年5年内石油开发总量达2345万吨[②]。自1986年开采石油以来，越苏石油联营公司于1998年5月15日突破天然气产量10亿立方米，2008年3月25日突破天然气产量200亿立方米，2011年10月25日突破天然气产量300亿立方米，2015年4月15日突破天然气产量400亿立方米，2017年10月1日突破天然气产量500亿立方米大关[③]。

2. 大力发展海洋经济

40多年来，越南相关的海洋经济发展势头迅猛。越南计划将海洋经济对GDP的贡献率由2005年的48%提高至2020年的55%[④]。

（1）资助渔民出海捕捞政策成效显著。海洋渔业对于海域争端国家来说具有双重功能，一方面是发展海洋经济的重要产业；另一方面是宣示主权和扩张海域的重要活动，对越南来说，更是如此。得益于越南政府的支持，越南海洋渔业快速发展。“越南政府鼓励和扶持渔民发展水产养殖和出海捕捞。自2005

① 盗采中国石油成越南支柱产业[EB/OL].http://3g.163.com/mo.

② [越]越通社．2015年越苏石油联营公司预测营业利润达21.7亿美元[EB/OL].https://zh.vietnamplus.vn.

③ [越]越通社．越苏石油联营公司天然气开采总量突破500亿立方米大关[EB/OL].https://zh.vietnamplus.vn/.

④ “Vietnam Aims to Become Strong Maritime Nation,” Vietnam Seaports Association, May 26, 2010[EB/OL]. http://www.vpa.org.vn/detail_temp.jsp?id=1652.

年给渔民发放补贴以来，各省市渔民都能够还清债务并添置渔具出海捕捞。到2008年年底，越南向全国76517艘渔船提供了1.173万亿越盾的补贴资金，占渔民补贴总资金的71%。该政策鼓励渔民投资出海捕捞，给渔民带来了新的活力。2014年8月25日，越南正式出台了《发展水产业若干政策》的67/2014/NĐ-CP决议，其中最引人注目的政策是政府为渔民提供最高期限为16年的优惠贷款，政府以财政补贴贷款利率，鼓励渔民新造铁壳渔船，发展远洋捕捞，不仅给渔民带来了较高经济效益，还有助于捍卫越南国家所谓的海洋岛屿主权[①]。此外，越南在南海非法所占岛礁大都建设了渔业后勤服务和医疗救助设施，协助渔民开展远洋捕捞。

（2）海洋油气业成为越南经济的支柱性产业。越南南北统一后，经过40多年的发展，海洋油气业成为越南经济的支柱性产业。2014年原油开采量为1740万吨，同比增长4.6%，天然气开采量约为102亿立方米，同比增长8%[②]。2015年，越南油气集团新增探明油气储量4050万吨油气当量，超额完成8.0%，开采油气总量为2942万吨油气当量，超额完成任务量的10.6%，同比增长6.6%。其中，原油开采1875万吨，超额完成11.6%，是2006年以来原油产量最高的年份；天然气产量106.7亿立方米，超额完成9%，创下1981年开采天然气以来的历史新高，全年共出口约152万吨，同比增长44.7%；出口额约9.05亿美元[③]。在世界油气业处于低迷期，越南各项油气指标却大幅增长，从侧面反映了越南油气业对国民经济的巨大贡献。2015年7月23日，越共中央政治局通过《油气发展中长期规划》的41—NQ/TW号决议，明确了越南油气业和越南油气集团的2025年发展战略及2035年远景发展展望，指出煤气工业和油气工业是越南油气发展战略五大领域中的两个。[④]在此基础上，越南政府总理批准了《至2025年越南油气行业发展规划及2035年展望》。基于此，越南石油天然气公司还制定了《2016—2020年阶段行动计划》，力图发展质优高效的企业，在全

---

① [越]越南发展水产业若干政策.（Nghị định 67/2014/NĐ-CP: Về một số chính sách phát triển thủy sản）[EB/OL]. http://vasep.com.vn/Thu-Vien-Van-Ban/71_36410/Nghi-dinh-672014ND-CP-Ve-mot-so-chinh-sach-phat-trien-thuy-san.htm.

② 谢林城.越南国情报告2016[M].北京：社会科学文献出版社，2016：112.

③ 谢林城.越南国情报告2016[M].北京：社会科学文献出版社，2016：139.

④ 谢林城.越南国情报告2016[M].北京：社会科学文献出版社，2016：103.

国煤气工业中扮演主导地位[①]。

（4）不断规划海洋经济发展目标。2010年4月28日，越南政府批准《到2020年越南岛屿经济发展规划》，斥资85亿美元发展岛屿经济和防务。该规划的发展目标是发展海洋及岛屿经济，将岛屿建设成为保卫祖国海疆及海岛地区的主权和主权权益的稳固防守线；集中优先投资一些拥有便利地理位置和自然条件且有开发潜力的岛屿，为当地经济带来突破性发展，为全国经济发展做出贡献，同时将为岛屿经济和海洋经济、沿海经济和陆地经济及国际经济的往来搭建重要枢纽；在岛屿上建设包括码头、交通、电力、水、通信和社会设施等必要基础设施建设，为发展经济、连接岛屿和陆地、稳固保卫祖国海域创造条件；力争使海岛经济对全国经济的贡献率从目前的0.2%上升至2020年的0.5%，并使2010—2020年海岛经济年均增幅达14%~15%。据此，越南投入162万亿越盾（约85亿美元，其中2010—2015年投资51.8万亿越盾），发展从西南部靠近柬埔寨的富国岛，到北部吉婆岛的系列岛屿。其中，长沙群岛（即我国南沙群岛）作为越南重要的“前哨堡垒”赫然在列。[②]

（五）千方百计加快海军现代化建设

建设海洋强国是全方位的战略，其中包括海军现代化。越南千方百计加快海军建设。一方面是企图巩固其在南海的既得非法利益，另一方面也有谋求将战力延伸至更远海域的意图。

1. 调整海上防卫体制

2009年3月，越南国防部决定成立海军第二区，指挥部设在同奈省的仁泽县，管辖从平顺省到薄辽省南部之间的海域范围，主要负责保卫该海域的主权、经济和科学开发区，同时参与执行海上搜救等任务[③]。海军第二区所辖海域原由海军第四、第五区所辖。第五区将负责越南南部海域和泰国湾海域的防务。海军第二区的成立是越南近年来加强海军建设及加大对海岛及海域管控力度的重要体现，使得越南海军在建制上增加了一个海军司令部直属师级作战单位，

---

① 越通社．正在融入与发展的越南煤气工业[EB/OL].http://cn.nhandan.com.vn/newest/item.

② 批准到2020年越南岛屿经济发展规划的决定（568/QĐ-TTg）[EB/OL]. 越南法律网，www.luatvietnam.vn.

③ 李长群．我国南海无居民海岛行政建制的研究[D]. 青岛：中国海洋大学，2012.

原有各防区的所辖范围和任务也因此有所调整，从而使得越南海军在整体和重点方向上的力量都得以加强。①

2. 大量采购先进海空武器装备，提升立体作战能力

2010年，越军采购和接收了俄罗斯系列先进武器装备，包括12架俄制苏–30战机、6架加拿大生产的DHC–6双水獭400型水上飞机、乌克兰生产的“铠甲”被动雷达系统，还接收了两艘俄制“猎豹3.9”护卫舰和两套“堡垒–P”岸基反舰导弹系统。2009年，越南斥资18亿美元向俄罗斯采购6艘636型“基洛”级改型潜艇。2010年，俄开始为越军建造首艘“基洛”级潜艇、4艘“萤火虫”海岸巡逻艇。2015年8月1日，“海防”号和“庆和”号正式入役海军189潜艇旅，这是越南海军现代化的重要标志②。2016年2月，第五艘“岘港”号潜艇抵达金兰湾，到2017年越南从俄罗斯订购的6艘潜艇全部交付完。越南从俄罗斯购进50枚3M54“俱乐部”潜射导弹，到2017年已全部交付给越南海军。2017年，越南海军至少接收了6艘战舰，其中2艘是从俄罗斯接收的3.9级猎豹级护卫舰，1艘是美国赠送的旧式汉密尔顿级巡逻舰，1艘是韩国赠送的旧式浦项级导弹护卫舰，2艘越南自己生产的闪电级导弹艇。虽然猎豹级护卫舰属于轻型护卫舰，但依靠其配备的大气波导超视距雷达，该舰在越南海军中可发挥指挥进攻的作用。闪电级导弹艇的吨位虽然只有500吨，但该艇装备有16枚天王星反舰导弹，火力凶悍③。从近年来越南海军武器装备更新的种类、性能以及舰艇的来源等情况来看，虽然舰艇性能总体上与我国舰艇相差较大，但舰艇扩张的速度较快。总体上，越军武器装备以提升制海能力为主，并基本获得了近海立体作战能力，构筑了袖珍型的海上防御体系。此外，2017年越南海军还参与了新加坡海军成立50周年活动和首届东盟海军多边联合演习。2017年7月6日至8日，越南海军第一军区147陆战旅举行了实弹实兵夺岛演习，8月下旬越南海军第四军区101陆战旅也举行了类似登陆演习。④

空军建设方面，截至2016年2月，越南空军苏霍系列战斗机总数达到48

① 古小松.越南国情报告 2010[M].北京：社会科学文献出版社，2010：59–60.

② 谢林城.越南国情报告 2016[M].北京：社会科学文献出版社，2016：68.

③ 越南海军3个月接收5艘新战舰火力不输中国056舰[EB/OL]. http://mil.news.sina.com.cn/jssd/2017-12-19/doc-ifyptkyk5276827.shtml.

④ 2017年越南军情：65后将领上位挟洋自重抗衡中国[N].参考消息，2018–02–07.

架，包括之前的12架苏-27SK和2016年全部到货的32架苏-30MK2V战斗机。2016年8月下旬以来，越南出动两栖飞机DHC-6非法降落中国南海南威岛。

3. 加强金兰湾建设，并向国际开放

金兰湾是越南东南部重要军港、海军基地，位于沟通太平洋和印度洋的重要水路上，是距离各条国际海运航线和中国西沙群岛、南沙群岛最近的位置，具有重要的战略价值。近年来，越南投资2万亿越南盾对金兰湾进行升级改造并开放，包括航母在内的所有国家舰船都能进驻金兰湾。除了提升靠泊能力外，金兰湾还将增加包括码头、银行、办公楼、物流仓库等配套设施，并为军用舰船兴建食品和弹药仓储设施。2016年3月8日，越南海军在庆和省金兰湾军事基地举行金兰国际港开港仪式。越南时任国家主席张晋创，前越共中央总书记黎可漂，越共中央政治局委员、越南人民军总政治局主任吴春历大将等一同出席。张晋创在出席金兰湾国际港落成仪式时宣布金兰湾对国际舰船开放。从越南的表态来看，越南奉行“三不”原则，其中之一就是不设外国军事基地，越南强调金兰湾对世界各国开放，不针对特定的第三国，但事实上，金兰湾军事基地可能对西方国家开放得更多。

自从金兰国际港开港仪式以后受到了有关国家，特别是美国、日本及东盟国家的关注，他们频繁加强与越南海军合作关系。在当前以美国为首的域外国家强势介入南海争端的形势下，越南开放金兰湾国际港口的意图值得关注。一是把开放金兰湾国际港口作为越南赚取外汇的重要产业；二是更重要的是把外国军事力量引入南海，以在与中国的争端中争取更大的筹码，以保证其长期获取在南海上的最大利益。

越南加强与其他国家海军的合作。2010年5月11日，时任越南国防部长冯光青在出席东盟国防部长会议后答记者问，在回答建设军队现代化保卫主权方面越南已经做了什么的问题时，冯光青说：“我们向世界公开宣布要建设革命、正规、精锐以及逐步现代化的人民军队。随着经济发展，我们要加强国防军事实力来维护稳定，保卫领土完整。我们有两个战略任务：与各国建立合作关系；具备强大的军队和国防能力，以更好地保卫祖国，同时对任何对越南有意图的行为具有威慑力。”[①]

① 冯光青．如东海不稳定，没有哪个国家获利[EB/OL]. http://vnexpress.net/gl/xa-hoi/2010/05/3ba1bb7e/.

（六）频繁开展外交活动，推进南海争端国际化

越南把捍卫南海领土主权作为对外政策的重要内容。如2016年越南共产党第十二次全国代表大会通过的《越共十二大政治报告》就新增“捍卫国家民族利益，捍卫海洋和岛屿主权”等内容。在此基础上，越南对外活动中一再宣称南海是越南的领土主权的主张。近年来，越南频繁开展外交活动，努力推进南海争端国际化。越南企图从四个方面寻求保障南海问题国际化：一是确保美国稳定高度介入南海争端；二是争取俄罗斯对其南海政策的支持；三是增强日本的介入深度；四是积极拉拢印度卷入南海争端。从这四个方面来看，这些政策充分体现了越南“向西看”的战略。越南“向西看”战略包含两个方面的内容：一是合作方向的选择，这是从地理范围来说，即由传统与日本、俄罗斯等亚洲东方国家合作，转而寻求西部亚洲国家的合作，从而追求东西方战略平衡。二是指武器来源的合作拓展至西方发达国家。越南从2010年起就开始与西方发达国家合作。原因有二：一是为了减少对俄罗斯武器的过度依赖，寻求武器装备的多元化；二是担心中俄关系的友好会增加俄罗斯对越出售武器的战略顾虑。因此，从2010年起，越南分别与澳大利亚、巴西、法国、德国、波兰和英国签订了防务合作协议，希望借此提升越南的国防工业和防务装备水平。在越南“向西看”战略中，越美、越印合作尤其抢眼。

1. 不断深化越美关系，谋求与美国进行军事合作以应对南海争端

美越残酷的战争历史始终是羁绊两国关系发展的绊脚石，但一方面，越南出于全方位考虑，尤其是为了平衡中国在南海问题上的影响力，为了提升越南在南海争端中的实力，越南拉拢美国为其在南海争端中撑腰。另一方面是中国的和平崛起让美国人感到了危机，美国为了重返亚太，实施亚太战略平衡，为了遏制中国在南海争端中的影响力，企图通过拉拢越南，给一些小国家打气，鼓励他们与中国保持对抗。因此，双方战略一拍即合，昔日为敌的两国逐渐走近。

越南与美国自1995年7月12日建交以来，两国领导人频繁互访，截至2016年，越美两国进行了8次高级代表团互访，高层互访推动两国关系不断深入发展，军事合作及南海问题也成为两国领导人的重要议题。

近年来，越美军事交流合作日益频繁。2011年9月，两国签订国防合作备忘录；2013年，越南人民军总参谋长、国防部副部长杜伯巳上将访问美国；2014年，美国三军参谋长联席会议主席马丁·登普西（Martin Dempse）大将

率领的美国军队高级代表团对越南进行访问；2015 年 3 月，越南时任公安部部长陈大光对美国进行正式访问，5 月 31 日至 6 月 1 日，美国国防部部长卡特访问越南，并与越南国防部部长冯光青在河内签署了《越美防务合作共同愿景声明》，7 月 7 日，越南国防部副部长阮志咏上将访问美国，与美国国防部主管亚太安全事务的部长助理施大卫（David Shear）在华盛顿签署越南国防部与美国国防部有关参与联合国维和行动的合作备忘录。

全面解除对越武器出口禁令是美越军事合作的核心。1984 年，美国正式实施对越武器禁运，时隔 32 年后，2016 年 5 月 23—26 日，美国时任总统奥巴马历史性地访问了越南。在本次访问中，最受瞩目的是美国宣布解除对越武器禁运并向越南提供 1800 万美元的军事援助。美国对越南武器禁售是冷战时期历史遗留问题。如何解决这个历史遗留问题，美国国内一直有一个争论，即卖武器给越南和不卖武器给越南到底哪个收益大？不卖武器给越南的收益主要是促使越南改善糟糕的人权状况。但美国也知道改变越南的人权状况还需要一些时间，是一个长期的过程。卖武器给越南的好处就是为了呼应美国重返东南亚的步伐，拉拢越南站到前沿来，阻止中国的崛起。在 2012 年之前，美国是倾向于不卖武器给越南的，但后来，伴随着南海争端的激烈化，美国逐步倾向于卖武器给越南，让其走上前台。越美军事交流关注的动向主要是两点：一是越南到底会购买美国多少武器？越南有了更多购买武器的自由，但越南的武器严重依赖俄罗斯，2014 年美国部分解除了对越武器禁售，允许卖部分武器给越南，但是实践的结果是越南事实上几乎没有购买美国任何防备武器。所以，越南有权利购买美国武器是一回事，实践中买了多少、效果如何才是关键。但从 2016 年 5 月奥巴马访问越南后，美国宣布全面解除对越武器禁售，从后来的越南与美国的洛克希德马丁以及波音公司达成采购协议来看，越南确实有意从美国采购武器以寻求海军、空军现代化。二是美国是否在越南设立军事基地？开放越南军港是美越军事合作的关键。越南金兰湾和岘港两个军港是美国介入南海的“战略支撑点”。尽管美国一再重申了不会在越南设立军事基地，但随着越南可能将金兰湾开放给美国使用，这个军事意义需要评估。2016 年 5 月 22—25 日，奥巴马访越期间向越南提出在岘港建立军事后勤仓库的要求，主要用于人道主义任务和应对自然灾害的救助任务。目前，美国与越南就在岘港建立军事后勤仓库进行谈判。开放军港给美国是越南通过合作谋取美国介入南海问题的重要考量。

2018 年 3 月 5 日，美国卡尔·文森号核动力航空母舰到访越南岘港，这是

1975 年美国从越南撤兵以来首次航母到访越南，标志着越美军事关系的升温。在中国与东盟关系不断升温的背景下，越美这两个从前的敌人意图加强战略合作，以抵消中国的影响力。

2. 继续巩固与俄罗斯的关系，推动海洋经济和军事现代化发展

越南巩固与俄罗斯传统密切关系有其自身利益考量，一是继续与俄罗斯进行南海油气开发，获得在南海的海洋经济利益；二是继续谋求俄罗斯提供先进的军事装备来防卫南海已经获得的海洋权益；三是通过以上合作谋求俄罗斯支持越南对南海岛礁主权的主张。俄罗斯从其国家战略利益方面考虑，与越南进行南海石油合作和提供军事装备，可以为本国获得丰厚的经济利益。因此，俄越关系日益密切。在经济贸易合作关系迅速发展的同时，越南也继续加强与俄罗斯在国防安全的合作。

越南为巩固在中国周边海域非法获取的经济利益和巩固非法占据的岛礁，持续加大力度投入支持军事领域的发展。据瑞典斯德哥尔摩国际和平研究所在 2015 年年末公布的数据：2014—2015 年，越南是全球军购领域增速最快的国家，从 2011 年的第 43 位跃至 2015 年的全球第八大武器进口国。俄罗斯是越南主要的武器来源国。越南军队的武器装备主要来自俄罗斯，越南军队保有的战斗机、坦克、运输机和潜艇等全部武器的 90% 以上为俄罗斯制造，越南也因此跻身俄罗斯武器进口国前五强之列。近年来，越南陆续从俄罗斯订购了“猎豹”级导弹护卫舰、“基洛”级潜艇、许可生产的多艘“毒蜘蛛”导弹快艇、S–300 防空导弹、“堡垒 P”超音速反舰导弹、苏 –27、苏 –30 战机等武器装备。越南与俄罗斯还就 S–400 防空导弹的买卖接触频繁。2014—2015 年，越南从俄罗斯手中购买了总价值 17.95 亿美元的军事装备。

3. 加强与日本在南海争端中的合作，增强日本的介入深度

近年来，日越两国互动频繁，在与中国的海洋争端中进行相互公开支持，安倍政府强行通过新安保法，使日本能够合法提供武器给越南，为日越军事武器合作扫清了法律障碍。

2014 年，日越将两国关系提升为迈向亚太和平与繁荣广泛战略伙伴关系，日本被越南视为最重要伙伴与最大官方发展援助提供国之一[①]，日本也是越南最大投资国及第四大贸易伙伴。2015 年以来，日越高层互动频繁，越南国家主

① 自 1981 年起，日本一直占据各国家、地区对越 ODA 援助的首位。

席张晋创、政府总理阮晋勇、政府副总理兼外交部部长范平明、越共中央总书记阮富仲相继访问日本，日越关系不断升温。由于日越两国都与中国有领海争端，2015 年两国领导人的互访之中，双方都表示了在防务方面的合作意向。2016 年 4 月，越南允许日本海上自卫队军舰停靠金兰湾；5 月，新当选的越南政府总理阮春福公开鼓励日本介入南海问题，其在河内会见日本媒体时说："日本应该作为地区大国为和平解决（南海问题）发挥积极作用。"日本随后积极邀请越南参加 G7 峰会，并不顾中国的反对设置南海争端议题。

越南与日本各自的战略利益驱动使得越日关系快速升温。对日本来说，加强与中国在南海问题上存在争端的越南的合作，可以大大减轻东海问题上带来的战略压力，减轻中国综合国力上升给日本带来的战略压力与挑战，支持与中国存在领土争端的越南对日本来说尤为重要。其次，经济利益驱动。这是越南加强发展与日本关系的主要动因。正如上述，近年来，越南通过与日本加强经贸合作得到最大利益，特别是越南仍是日本官方发展援助（ODA）的最大合作伙伴。

4. 加强与印度的合作，拉拢印度介入南海争端

冷战结束后，印度制定东向战略。一直以来，东盟与印度的关系进展良好，印度强调将东盟置于东向战略中的核心位置，将与东盟的全面互联互通作为核心任务。东盟视印度为地区和平与稳定的可靠伙伴。越南与印度历来保持友好关系，特别是近两年，两国关系更加密切。印度越来越频繁地在中国南海争端中表明态度，不仅承认中越在中国南海的争议海岛归越南所有，并支持越南将中国南海争议送交国际法庭仲裁。越南也积极拉拢印度介入南海争端。

（1）两国领导来往密切，越印战略伙伴关系不断深化。近年来，两国领导人交往密切。2014 年 9 月，印度时任总统普拉纳布·慕克吉（Pranab Mukherjee）对越南进行国事访问，两国签署包括扩大在南海的石油开采合作协议等 7 份协议。目前，印度石油天然气公司从越南获得的海上油田开采权已经从 3 块油田增加到了 11 块，而这些油田所在水域正是中越南海争议地区。2014 年 10 月，越南时任总理阮晋勇访问印度，印度强调越南是其"向东看"政策的支柱。2016 年 9 月，印度总理莫迪访问越南，与越南时任总理阮晋勇共同庆祝两国建交 25 周年及建立战略合作伙伴关系 10 周年，同时，宣布两国将战略伙伴关系升级为全面战略伙伴关系，指出国防安全合作是重要合作支柱之一，并向越南提供资金与培训等军事支持，协助推动越南航天领域发展并扩大双边投

资[①]。2018 年 1—3 月，短短一个多月时间内，越南新任总理阮春福和时任国家主席陈大光分别访问了印度，两位越南最高领导人受访时都表示支持印度的“东进”战略，指出越南与印度分别在印度洋和太平洋具有重要战略位置，要加强海洋问题的合作。阮春福总理更指出，越南国内也有一个“西进”战略，印度的“东进”战略与越南的“西进”战略正好吻合。

（2）加强防务合作。近年来，印度与越南关系的一个显著特点是印度公开支持越南在南海领土争端中的立场，并不断推进两国防务合作。2015 年 4 月，越南时任总理阮晋勇访问印度时，印度总理莫迪在与其举行会谈后召开的记者会上表示，“与越南促进防务合作是印越双方关系的最重要支撑之一”。印度承诺协助越南推进国防军队现代化，包括展开更多培训项目、多场联合演习、打击恐怖主义和国防工业合作等，并将尽快向越南提供总额为 1 亿美元的贷款，以协助后者购买印度制造的新巡逻舰。2015 年 5 月，越南国防部部长冯光青访问印度，称防务合作仍然是越南与印度战略伙伴的重要支柱，两国国防部部长签署《2015—2020 年越南—印度防务关系共同愿景声明》《两国海岸警卫队打击组织跨境犯罪合作谅解备忘录》。2015 年 9 月，印度国防部高级代表团访问越南，并向越南出售布拉莫斯三军通用反舰巡航导弹，为越南培训海军潜艇艇员。2015 年 10 月，越南时任国家主席张晋创在印度访问期间，宣布越南将对印度海军开放金兰湾基地。2018 年 1 月，印度还邀请东盟十国国家元首赴新德里举办东盟—印度建立对话关系 25 周年纪念峰会，双方发表了联合声明，决定在海洋合作、打击恐怖主义、地区互联互通、文化教育合作等领域加强合作。其中海洋领域合作尤其引人注目，印度认为南海争端事关印度利益，因为印度有 40% 的贸易经过南海。海洋领域的重点是航行自由、人道主义、海上救灾工作和安全合作等四大领域。双方强调了要维护海上航行、航空和贸易自由，支持用《公约》以及国际民航组织（ICAO）和国际海事组织（IMO）的标准与建议等国际法和国际惯例解决海洋争端，督促各方严格落实《南海各方行为宣言（DOC）》，尽快达成《南海行为准则（COC）》。同时，越南与印度关系在东盟与印度关系中占有较特殊的地位。越南的“向西看”政策与印度的“东进”战略形成互补。2015—2018 年，越南成功担任东盟—印度关系协调员，为促进东盟与印度关系迈上新台阶做出了贡献。印度高度评价越南在东盟地区的角色，

① 章华龙 . 印度总理十五年来首访越南 [N]. 文汇报，2016-09-30.

希望与越南合作，共创一个活跃发展、和平与稳定的亚洲地区。东盟—印度纪念峰会期间，越南阮春福总理与印度莫迪总理举行了工作会谈，双方领导人讨论了在防务、海洋合作等领域开展更多、更深入合作，双方还将在海岸监视开展合作。2018 年 3 月 6 日，越南还积极参加了印度主导的为期 8 天的“16 国”军演，这次军演最引人注目的演习科目是海上封锁，是夺取和保持制海权的重要手段。越南旨在通过参演，提高海上军事技术，从而在必要时刻采取海上封锁手段。

5. 绑架东盟介入南海争端

2010 年，越南担任东盟轮值主席国，期间，越南主导南海问题国际化趋于公开化与复杂化。越南用“自由航行权”作为切入点，全方位、密集地做美国的工作，促使其回归亚洲。受此怂恿，美国于 2010 年 7 月 23 日在河内召开的东盟地区论坛外长会议上，高调宣布南海问题是其国家利益而回归亚洲，重返东南亚，正式介入南海主权争端。2010 年 10 月 30 日在河内召开的“从愿景到行动：迈向东盟共同体”为主题的第 17 届东盟首脑会议，东盟轮值主席、越南时任总理阮晋勇在积极评价东盟首脑会议议题内容的同时，宣布了会议议题中有关东盟国家对南海问题的看法，即东盟及区内外各国的愿望是维护南海和平与稳定；南海争端相关国家承诺用和平的方式来解决争端；东盟欢迎各方为维护南海和平与稳定所做的努力。[①][②] 第 17 次东盟首脑会议首次把南海问题写进会议议题中，这是轮值主席国越南努力将东盟拉入南海争端的结果。

三、越南海洋权益维护与海洋执法的法律与体制

（一）海洋执法管理的法律法规

近年来，越南的海洋意识越来越强烈，国家层面颁布了不少涉及海洋的法律，政府也根据形势变化制定了不少政策，以维护其声称的海洋权益。目前，越南

① 越南总理阮晋勇在第 17 届东盟首脑会议结束后新闻发布会上的讲话 [EB/OL]. 越南中央政府网站，http://chinhphu.vn/portal/page?_pageid=33，4075140&_dad=portal&_schema=PORTAL&pers_id=4074411&item_id=44685212&p_details=1.

② 邓应文 . 试论越南将南海问题国际化之举措——兼论其与越南海洋经济战略的关系 [J]. 东南亚研究，2010（6）：29–36.

已经形成了比较完整的海洋海岛的法律法规和政策，为下一步依法治海、管海提供了法律依据（表 3–1）。

表 3–1　越南涉及海洋海岛主要法律法规一览表

序号	法律法规名称	内容	颁布时间
1	《国会批准 1982 年《公约》的决定》	加入国际海洋法公约	1994.1.1
2	《国家边界法》（06/2003/QH11）	规定越南的陆地、海洋边界	2003.6.17
3	《水产法》（17/2003/QHll）	规范水产资源的保护、经营开发、贸易和渔业国际合作等	2003.11.26
4	《航海法》（40/2005/QH11）		2005.6.14
5	《环境保护法》（52/2005/QH11）		2005.11.29
6	《海岸警卫队法》（03/2008/PL–UBTVQH12）		2008.1.26
7	《关于综合管理海洋海岛资源和海洋海岛环境 25/2009/NĐ–CP 议定》		2009.3.6
8	《海洋法》（18/2012/QH13）	规定越南海域活动、发展海洋经济、管理和保护海洋和海岛	2012.6.21
9	《越南政府关于渔业检查组织和活动的 102/2012/NĐ–CP 议定》	规定渔政部门的职能、任务、权力和渔业检查组织规范	2012.11.29
10	《土地法》（45/2013/QH13）		2013.11.29
11	《油气法》（18/VBHN-VPQH）	修改 1993 年 9 月 1 日生效的《油气法》	2013.12.18

在涉及海洋海岛的众多的越南法律法规中，2012 年 6 月 21 日越南国会通过的《海洋法》是最重要的一部法律。它是一部综合性、具有基本法性质的法律，在以往法律基础上做出更为系统全面的规定，强调采取各种必要措施保卫越南海洋主权和维护海洋权益，还着重对发展海洋经济、海上巡逻等做出全面规定。

《海洋法》共七章，包括总则、对海洋相关定义和范围的界定、对其规定海域内活动及违法处理的规定、海洋经济发展规划、海上巡逻与检查等内容。

越南将中国的西沙群岛和南沙群岛包含在所谓越南“主权”和“管辖”范围内，对海洋基线、内水、领海、海洋毗连区、专属经济区、大陆架、岛屿、“黄沙群岛”（即中国的西沙群岛）、“长沙群岛”（即中国的南沙群岛）及其他群岛等的范围、在相关海域上的活动准则，对发展海洋经济，以及对海洋及其附属岛屿的管理和保护做了非常详细的规定①。

此外，越南政府及其有关部门也制定了一系列政策规定和发展规划，以发展海洋经济和保卫海洋海岛主权。主要有以下内容：

（1）2001 年 7 月 24 日，越南政府颁布《关于海岸警卫队与其他力量在海上和大陆架配合执行国家管理的 41/2001/NĐ-CP 议定》。该议定于 2010 年 6 月被越南政府颁布的《关于海岸警卫队和国家各海上力量之间在海上和大陆架实施国家管理的协调机制的 66/2010/NĐ-CP 议定》所代替。

（2）2002 年 5 月 9 日，越南政府颁布《关于公安、边防部队、海岸警卫队和海关之间在海上、口岸和边境地区预防毒品犯罪斗争中配合协调机制的 133/2002/QD-TTg 号决定》。

（3）2010 年 6 月 14 日，越南政府颁布《关于海岸警卫队和国家各海上力量之间在海上和大陆架实施国家管理的协调机制的 66/2010/NĐ-CP 议定》。为了加强越南海上各种力量之间的互相配合，越南国防部还与几个重要执法部门建立了协调机制，以发挥各种力量的作用。2011 年 11 月 30 日，国防部与农业和农村发展部联合颁布《关于指导和协调国防部海岸警卫队和农业和农村发展部在海域和大陆架协调管理活动的 211/2011/TTLT-BQP-BNNPTNT 通函》；2012 年 2 月 23 日，国防部与交通运输部联合颁布《关于指导和协调国防部海岸警卫队和交通运输部在海域和大陆架协调管理活动的 17/2012/TTLT-BQP-BGTVT 通函》；2012 年 3 月 30 日，国防部与财政部联合颁布《关于指导和协调国防部海岸警卫队和财政部在海域和大陆架协调管理活动的 25/2012/TTLT-BQP-BTC 通函》。

（4）2010 年 9 月 16 日，越南政府批准《到 2020 年越南水产发展战略（1690/QD-TTg）》。

（5）2010 年 4 月 28 日，越南政府批准《到 2020 年越南岛屿经济发展规划（568/QD-TTg）》。

---

① 覃丽芳．越南海洋经济发展研究 [M]. 厦门：厦门大学出版社，2015：54—58.

（6）2010 年 3 月 23 日，批准《关于加强越南海洋海岛管理、保卫和可持续发展的宣传工作的决定（373/QD–TTG）》。

（7） 2009 年 12 月 24 日，批准《越南的海港系统到 2020 年远景至 2030 年发展规划的决定（2190/QD–TTG）》。

（8）2009 年 10 月 15 日，越南批准《越南海运到 2020 年远景至 2030 年发展规划的决定（1601/QD–TTG）》。

（9）2009 年 7 月 22 日，越南批准《确保海洋海岛通信信息网络安全的提案的决定（1041/QD–TTG）》。

（10）2009 年 4 月 9 日，越南批准《2009 年至 2020 年海洋岛屿和沿海地区人口控制计划的提案的决定（52/2009/QD–TTG）》。

（11）2009 年 2 月 3 日，越南批准《到 2020 年泰国湾越南沿海地区和海域经济社会发展总体规划（18/2009/QD–TTG）》。

（12）2008 年 7 月 10 日，越南批准《北部沿海地区和 2025 年远景至 2050 年建设规划（865/QD–TTG）》。

（13）2015 年越南第十三届国会第十次会议通过了《航海法（修正案）》。

越南在渔业方面的一般法律框架主要是两部：一是越南国会常务委员会于 1989 年 4 月 25 日通过了《越南社会主义共和国保护和发展水产资源法》，这是越南第一部关于海洋渔业管理的法律文献；二是 2003 年 11 月越南第十一届国会第四次会议通过了《水产法》。这两部法律从法律角度对水产资源的保护、经营开发、贸易和渔业国际合作等方面进行立法规范。这表明了越南在开发、利用、保护和管理海洋渔业资源方面逐步走上法律管理的轨道。

越南有关渔业方面的政府管理文件。除了国会颁布的《水产法》，还有政府颁发、农业和农村发展部颁发、水产局颁发、其他部门在不同时期制定颁发的诸如各类政府决定、政府议定、条例、决议、指令、指示、通函、通报、通知、联合通告、公告、报告等政策措施。这些文件是《水产法》的有效补充。

（1）海洋渔业和海岛开发方面。2004 年 10 月，越南政府出台了《关于在各越南海域和大陆架管理工作、保卫主权和安宁秩序方面加强配合的指示（34/2004/CT—TTG）》；2005 年 6 月，越南政府总理颁发《关于在海洋和海岛发展养殖水海产的鼓励政策》（126/2005/QD—TTg 号）；2007 年 2 月 28 日，越南总理颁布《关于成立越南水产资源再造基金及其筹措和使用的规定的议定》（29/2007/QD—TTg）；2006 年 4 月 6 日，财政部、农业和农村发展部和水产部颁布了《关于指导管理和使用农业促进、渔业促进事业经费的联合通知》(30/2006/TTLT-BTC-BNN&PTNT-BTS)。

（2）海洋捕捞方面。越南历来鼓励发展海洋渔业特别是远洋渔业生产。1997 年 6 月至 2003 年 5 月 8 日，越南颁发的《关于按照政府总理 2000 年 6 月 7 日第 64/2000/QD-TTg 决定、1998 年 9 月 3 日第 159/1998/QD-TTg 决定和 1997 年 6 月 9 日第 393/TTg 决定借款投资发展造新船、改造渔船和为海洋捕捞服务的船只的一些实施办法的决定》（政府 89/2003/QD-TTg），以及 2006 年 6 月 30 日，颁布的《关于加强给在各海区特别是远海地区从事海洋捕捞活动的渔民保证安全的指示》（政府总理 22/2006/CT-TTg）等一系列优惠政策措施鼓励渔民建造或购买大功率渔船、发展远海捕捞。同时，越南政府收紧对海外入境捕捞渔船的管理。

（3）水产资源保护方面。由于近海的滥捕造成过度捕捞现象，近海渔业资源出现枯竭倾向，为了近海海洋渔业的可持续发展，越南也逐步重视保护近海的水产资源。2004 年 7 月，越南总理颁布《关于批准到 2010 年保护和发展水产资源计划的决定》（131/2004/QD-TTg）；2004 年 8 月，越南总理又颁发了《关于成立北部湾水产资源开发保护支局的决定》（844/QD—TTg）；2005 年 10 月 11 日，越南政府颁布《关于在水产领域中处理违反行政规定的议定》（政府 128/2005/ND—CP），对水产经营活动中的不法行为进行处罚。2006 年 9 月 14 日，越南水产部颁布了《关于颁布水产监察员活动制度的议定》（水产部 16/2006/QD—BTS），规范水产监察员的执法行为。2012 年 11 月 29 日，越南总理批准《关于渔业检查组织和活动的 102/2012/NĐ-CP 议定》，该法令从 2013 年 1 月 25 生效，规定渔政部门的职能、任务、权力和渔业检查组织规范。越南还成立水产资源检查机构，对水产经营单位和个人利用水产资源的行为进行监督。

（4）渔业基础设施建设方面。近年来，为改善渔业基础设施，越南政府以及行业管理部门下达了一系列政策文件，2005 年 11 月 8 日，越南政府总理批准了《关于调整到 2010 年和 2020 年给渔船躲避台风锚地区规划的决定》（政府总理 288/2005/QD-TTG）；2010 年 3 月，越南时任总理阮晋勇批准了耗资 8 兆越南盾（4.21 亿美元）到 2020 年越南渔港发展规划，该规划将在越南 28 个沿海城市和省份建造一个渔港网络；2011 年越南还正式启动渔业卫星观察系统（Movimar）项目。

（5）扶持渔民发展生产方面。越南重视扶持渔民开展远海捕捞并保护渔民的安全。这些措施主要有：2005 年 5 月 19 日，越南政府颁布《关于保证水产活动中渔民和渔船安全的议定》（政府 66/2005/ND—CP）；2006 年 6 月 30 日，越南政府总理下文《关于加强给在各海区特别是远海地区从事海洋捕捞活动的渔民保证安全的指示》（政府总理 22/2006/CT-TTg）；2007 年 7 月 25 日，政府总理颁发《关于帮助渔民克服海上天灾损失的政策的决定》（118/2007/QD-TTg）；2008 年 3 月 18 日，越南政府总理颁布了《关于颁布帮助少数民族同胞、贫困户和渔民的一些政策的决定》（289/QD-TTG）[①]；2008 年 7 月 21 日，越南政府总理又批准了一份对 289/QD—TTG 决定的补充文件（965/QD—TTG），主要是帮助贫困渔民发展水产活动。

（二）加强海洋执法体制和执法力量建设

越南海洋执法的基本体制分为三大部分：海洋管理、海洋执法和海洋保卫等三大力量。这三大力量各有分工而又有密切合作。

1. 越南涉及海洋执法管理的机构

越南海洋执法管理机构和执法机构包括计划与投资部、资源与环境部、农业与农村发展部、国防部、公安部、外交部、财政部、工贸部、交通运输部、通信传媒部、文化体育旅游部、科技部等部门。其中主要的管理部门是计划与投资部、资源与环境部、财政部、交通运输部、沿海省市政府；执法部门是国防部、农业与农村发展部。

计划与投资部。该部门主要是由科学教育自然资源和环境司、规划管理司、投资监测司对涉及海洋资源开发利用项目、海洋海岛建设项目的综合规划、评价和审批。

财政部。该部的海关总局下属的反走私调查局以及沿海各省的海关分局负责海上货物走私的稽查工作。

农业与农村发展部。该部主要是通过水产总局属下的渔政局和水产资源保护和开发局对海洋渔业资源保护和开发进行行业管理。

交通运输部。该部主要是通过越南航海局对越南的海洋运输的港口、航线、等海洋运输基础设施、海洋运输法律法规的政策进行管理，依据政府总理对于越南航海局的职能、业务和权限的 26/2009/QĐ-TTg 决定进行行业管理。

---

① 孙小迎．稳扎稳打的越南海洋强国战略 [J]. 太平洋学，2016（7）：34-41.

资源与环境部。该部属下越南海洋海岛总局是越南海洋海岛资源管理和开发的综合管理职能部门，是海洋海岛管理最重要的机构。

2. 越南海洋执法力量

越南海洋执法力量主要是由海军、海岸警卫队和渔政稽查三部分组成，其他部门也有一些专业执法职能，但都有一定的局限性，如环保执法、海洋交通执法等。

越南海军是保护越南国家海洋主权的关键力量。越南人民海军负责管理和控制在中国南海的越南主权海域和海岛，维护安全，打击所有侵犯越南领海海岛主权、主权权利、管辖权和越南国家利益的违法犯罪行为，根据国际法和越南法律的规定，保护在越南海洋海岛正常活动，根据越南法律和越南作为其中成员的国际条约确保航海安全和参与搜救，随时准备战斗打败任何其他从海洋进攻的侵略者。

越南海岸警卫队分为 4 大区域：其中，第一海警区（CSB1）：负责管理越南的北部湾海域，从广宁省北仑河河口到广治省昆古岛海域的海上执法工作，总部设在海防；第二海警区（CSB2）：负责管理从广治省昆古岛到平定省古老青（Cù Lao Xanh）海域的海上执法工作，总部设在广南省山城县三光乡（xã Tam Quang, huyện Núi Thành, tỉnh Quảng Nam）；第三海警区（CSB3）：负责管理从平定省古老青的海域到茶荣省亭安河口北岸海域的海上执法工作，总部设在巴地 — 头顿；第四海警区（CSB4）：负责管理从茶荣省亭安河口北岸至坚江河仙（Hà Tiên），总部在金瓯省五根县五根镇（Th Trn Năm Căn, Huyn Năm Căn）。

越南渔业管理局（简称渔政局）直属于水产总局，基本职能是在越南海域负责巡逻、检查、监督，发现和处理违法违规行为和渔业专项清查；参加预防、抗灾和搜救、救援、救难，排除海上事故，保护国家财产、在海上作业渔船上的财产和渔民生命安全；参加保卫海洋主权和主权权利。

越南海关是财政部下属机构，协助财政部长执行国家管理和提供咨询，发挥执法机构涉及海关的功能。

（三）越南海洋执法管理部门的衔接运作机制

2010 年 6 月 14 日，越南政府颁布《关于海岸警卫队和其他海上力量之间在各海域和大陆架活动配合执行国家管理活动的规定》（与第 66/2010/NĐ-CP

法令共同发布，以下简称《规定》）规定了有关海洋管理和执法部门之间的职责和合作机制，该法于2010年8月2日生效。《规定》明确了海岸警卫队和有关部门的协调机制。主要有海岸警卫队和公安部有关执法力量的配合；海岸警卫队和交通运输部的配合机制；海岸警卫队和资源环境部的配合机制；海岸警卫队和农业和农村发展部的协调机制；海岸警卫队和财政部海关总局的配合机制。

越南确立了以海岸警卫队为海洋执法力量的中心的执法体系，海岸警卫队处于海洋执法力量的指挥中心，其他部门如越南交通运输部、农业和农村发展部、越南财政部都是海洋行业执法部门，这些部门的执法力量虽然具有相对独立的执法队伍和执法权，但是与海岸警卫队之间具有执法合作机制，在跨部门的联合执法中服从海岸警卫队的指挥。

越南的海军是强力部门，担负保卫海洋安全的主要力量，其与越南海岸警卫队具有千丝万缕的联系，这两个部门同属国防部的下属机构，都是实行军事化管理，可见，越南海岸警卫队属于军民合一的执法力量。此外，渔政局的水产稽查队是海洋渔业的专业执法机构，负责海洋渔业管理执法；财政部海关总局负责海上走私的稽查工作；交通运输部负责海上以及港口的运输安全和秩序。而更加外围一些的外交部、计划投资部等部门则依照情况给予配合，外交部涉及海上管理、执法中的涉外事件的外部沟通；资源和环境部负责海洋海岛的规划、资源开发研究和计划等管理工作；计划投资部负责海洋海岛建设项目的立项审批。

（四）越南海洋执法管理体制的优缺点及主要问题

越南的海洋管理体制与我国的管理体制有相似之处，即多行业部门管理，但是也有较大的差别，主要是各部门的管理权、执法权限和部门之间的协调机制有区别。

1. 越南海洋管理体制的优点

虽然越南的海洋管理体制也有不尽如人意之处，但是其一些做法值得我国思考和借鉴。

一是制定了国家的海洋发展战略。2007年1月，越南就在党的全会的层面通过的《到2020年海洋战略规划》。围绕这一发展战略，越南从法律和政策层面采取了许多措施。2007年5月30日，越南政府根据《到2020年越南海洋战略规划》，颁布了政府27号决议（27/NQ-CP），提出2020年前实现海洋强国的目标；2010年4月28日，越南总理批准《到2020年越南岛屿经济发展规划》，将发展海洋海岛经济作为海洋发展战略的重要内容，提出了具体的发展目标。2012年5月21日，越南第十三届国会第三次会议讨论并通过了《海洋法》，为越南进军海洋提供基本的法理依据，使其管理和开发海洋海岛符合国际法和国际惯例的要求，为国家的建设和发展创造条件[①]。可见，越南的一系列行动都是有步骤、有目的地实施"国家的海洋发展战略"，这在东盟国家中是海洋发展战略最清晰的国家。

二是建立了海洋法律体系。越南已经制定了《海洋法》，这是越南管理海洋的基本法，国家行政管理职能部门如资源与环境部、农业和农村发展部、交通运输部、国防部、公安部等在这一基本法的框架下也制定了一系列的涉海行业性的法律法规，越南的海洋管理正在逐步走向法治化的轨道。

三是统一海洋海岛的行政管理权。越南的海洋海岛行政管理权主要集中于越南资源和环境部下属的海洋与海岛总局，类似于我国的国家海洋局，但是它又没有我国的国家海洋局具有的执法力量——中国海警局。越南海洋与海岛总局则专注于海洋海岛的建设规划、海洋资源保护与综合开发等方面。

四是明确海洋和大陆架的主要执法权和执法部门之间的协调机制。越南构建了以海岸警卫队为核心的海洋和大陆架执法体系。越南海岸警卫队组成结构以军人为主，文人为辅，除内水由海上警察负责执法外，领海、毗连区、专属经济海域、岛礁由海岸警卫队负责巡逻执法。明确了海岸警卫队的核心执法地位。同时，也明确划分了其他涉海的各个部门的权限分工，明确了海岸警卫队和各职能部门之间在跨部门执法合作的协调机制。

2. 越南海洋管理体制的主要缺点和问题

当然，越南的海洋管理体制也存在着不少问题和缺点，主要有以下几个方面。

一是执法力量之间整合还不到位。虽然越南明确了海岸警卫队在海洋执法中的主导地位，明确划分了其他涉海的各个部门的权限分工和跨部门执法合作的协调机制，但是各职能部门还是各成体系，分散执法，只有在需要时才联合执法，这对于处理突发性事件不利，增加了沟通和协调时间，降低了处理突发性事件的反应能力。

---

① 阮洪滔，杨桥光．越南海洋法：新形势下落实海洋战略的重要工具[J]. 南洋问题研究，2012（1）：97-102.

二是执法成本高。越南涉海的五个主要部门——海军、海岸警卫队、渔政局、海关和海事局——都建有各自的基地，都有各自部门的执法队伍，运转和维护这么多执法力量，在这么个不太大的国家需要大量的经费，执法成本高，有限的国家预算的分散使用，难以把经费用在刀刃上，装备和执法人员待遇得不到改善，增加了执法过程中的滥用权力等行为。

（五）对我国海洋执法管理体制的借鉴意义

1. 尽快制定我国的海洋发展战略

目前，我国缺乏明晰的海洋发展战略，这对于指导我国的海洋海岛的保护、开发十分不利。尽快制定我国的海洋发展战略，提出我国海洋发展战略的目标、海洋产业发展领域、采取的政策措施，将有利于各部门制定本行业的海洋发展战略，应对我国周边复杂的海洋环境，提高我国的海洋开发、控制、综合管理能力，在保护我国海洋主权和权益中赢得主动权。

2. 完善我国的海洋执法合作机制

越南确立了以海岸警卫队为海洋执法力量的中心的执法体系，海岸警卫队处于海洋执法力量的指挥中心，其他行业执法部门虽然具有相对独立的执法队伍和执法权，但是在跨部门的联合执法中听从海岸警卫队的指挥。

尽管2013年国家重新组建国家海洋局，将公安部边防海警、农业部中国渔政、海关总署海上缉私警察等执法力量整合进重新组建的国家海洋局，但仍然可以借鉴越南一些好的做法，形成我国既有相对分工又有高度统一的海洋执法体制。

3. 不断改善和增强海洋执法力量

越南海岸警卫队属国防部的下属机构，实行军事化管理，属于军民合一、准军事组织的执法力量。执法船上有重武器装备。我国的海警力量总体上比越南海岸警卫队要强不少，表现在执法船比越南的大而多，但是我国的海域广阔，在东海、南海与周边国家特别是日本、菲律宾、越南等国存在着海洋主权争议，需要注意的是，越南海岸警卫队是准军事组织，而我国海警是公安编制，执法船的武器装备不对称，这一点需要加以警惕。因此，要增强我国海洋执法力量，必须建造新的现代化的执法船、装备新的执法工具，增加执法手段，同时要加强执法队伍的执法业务培训，提高执法人员的执法能力、执法水平。

4. 通过立法来加强海洋管理

我国在涉及海洋海岛领域的立法比较薄弱。虽然我国在海洋领域制定了很多行业管理条例等方面的法律政策，但是缺乏一部像越南《海洋法》一样综合性的海洋基本法，通过制定海洋基本法，保障我国海洋发展战略和海洋政策的落实。同时，需要对我国现在所有的涉海法律法规和政策进行梳理，修改过时的法律法规政策条文，借鉴国际上的一些先进做法，充实我国的海洋海岛保护、开发的法律法规。当前，需要特别加强对于近海海洋生态环境保护、近海海洋资源保护、争议海域主权的立法，使海洋海岛管理、开发利用走上规范化和法治化的轨道。

5. 加强海洋执法的国际交流与合作

学习和借鉴国外先进的海洋执法理念和执法技术是提高我国海洋管理和海洋海岛执法水平的重要途径。同时，国与国之间也需要直接进行合作以解决海上搜救中存在的通信、数据交换等问题。因此，我国应当加强海洋执法的国际交流与合作，积极参与全球的海洋合作项目中去，获取更多的海洋执法知识和海洋项目评估的知识，了解预防、减少以及控制海洋问题的程序规则、标准、操作规程。

第四章　菲律宾海洋权益维护与海洋执法体制

菲律宾位于亚洲东南部，北隔巴士海峡与中国台湾省遥遥相对，南和西南隔苏拉威西海、巴拉巴克海峡与印度尼西亚、马来西亚相望，西濒中国南海，东临太平洋。菲律宾是一个群岛国家，共有大小岛屿7000多个，其中吕宋岛、棉兰老岛、萨马岛等11个主要岛屿占全国总面积的96%[①]。陆地面积为29.97万平方千米，海岸线长约18533千米。水产资源丰富，鱼类品种达2400多种，金枪鱼资源居世界前列。菲律宾已开发的海水、淡水渔场面积2080平方千米，沿海省份中有超过60%的人口生活在沿海地区[②]。近年来，菲律宾加快了海洋资源的开发和争夺的力度，在南海争端中，杜特尔特总统上台执政前的菲律宾相对比较激进，企图通过国内立法的方式来维护所谓的主权，它在引进美国力量介入的路上也走得比较远。本章试从目标、目的、谋略等方面入手，对菲律宾海洋权益维护与海洋执法体制进行探讨和分析。

一、海洋战略目标——成为东亚海洋强国

菲律宾虽然没有明确政策勾勒出其海洋战略，但从几个主要涉海部门的政

① 中国外交部.菲律宾国家概况[EB/OL].https://www.fmprc.gov.cn/web/gjhdq_676201/gj_676203/yz_676205/1206_676452/1206x0_676454/.

② Department of Interior and Local Government, Local Government Units Section（2005 [cited August 7 2005]）; available from http://www.dilg.gov.ph/index.cfm?FuseAction=lgu.statistics; Department of Environment and Natural Resources, “Proposed National Coastal Resources Management Policy （NCRMP） for the Philippines （CRMP Document No. 26–CRM/2000）,” DENR （2001）.

策制定和发展规划中还是可以看出菲律宾海洋战略的内容。这些文件主要有：1994年《国家海洋政策》、1997年《国家发展远景》、1998年《国防政策白皮书》、1999年《国家安全战略和中期发展计划（1999—2004年）》。1994年《国家海洋政策》将国家发展战略重点由陆地转向海洋并对海洋安全做出明确的定义。1997年《国家发展远景》提出建立东亚海洋强国的目标，强调集中精力发展国内海洋事务，排除不安全影响因素以实现国家发展远景。1998年《国防政策白皮书》指出国家新安全观的含义，从之前的传统国防观念“保护不受武装力量威胁”转变为从政治、军事到社会、经济等多方面、综合考虑安全因素。《国防政策白皮书》提出了“自我与合作防卫”战略以及实现这一战略的途径、方法。[①]1999年《国家安全战略和中期发展计划（1999—2004年）》主要采纳了不惜一切手段保卫国家安全的理念。这些手段致力于社会、经济、政治三种手段的相互综合利用。

从上述文件和政策可以看出菲律宾将自己定位为海洋和群岛国家，作为群岛国家，菲律宾国家利益体现在开发和保护群岛水域资源、安全保卫等方面。作为海洋国家，国家利益主要体现在海运、商业、航行等领域，还包括其海洋工业对国际海洋经济的贡献。[②]为实现这两方面利益，菲律宾对内通过立法、组建海洋协调部门、制定海洋政策、海军现代化等手段，对外利用国际法、加强安全合作、发展菲美同盟关系等手段来实现国家利益，从而实现其成为东亚海洋强国的战略目标。

二、海洋战略目的——实现国家海洋利益

对于群岛和海洋国家的菲律宾来说，处于重要的国际战略要道，有着广阔的海洋，从利益的角度，主要包含经济利益和战略利益。从海洋的角度，菲律宾海洋利益主要包括领土完整、水域开发和保护、生态平衡、外部和平。实现其海洋利益是菲律宾建立东亚海洋强国的应有目的。就战略利益来说，第一是

① Department of National Defense, In Defense of the Philippines:1998 Defense Policy Paper（Quezon City:Department of National Defense，1998）（菲律宾国防部和武装力量部联合颁布《防卫报告》，在费德尔·拉莫斯政府末期出版）[EB/OL]. http://www.resdal.org.ar/Archivo/phili-fore.htm.

② ［澳大利亚］Mary Ann Palma. 菲律宾作为海洋和群岛国家的利益、挑战和前景 [R]. 新加坡拉贾惹南国际学院研究报告，2009-7-21.

保护国家的海上主权，尤其是争议地区海上主权；第二是维护海洋安全；第三是关注海上运输通道的安全。

三、菲律宾海洋权益维护的主要行动与举措

（一）开发海洋资源，促进海洋产业发展

中菲两国围绕南沙群岛的主权争端由来已久，在南沙群岛周边国家中，菲律宾是最早对中国南沙群岛提出主权要求的国家。中菲南海之争的根本原因其实还是资源之争，南海附近蕴藏着丰富的渔业资源、石油和天然气。中国台湾学者萧曦清还认为，除了丰富的油气资源以外，渔业资源也是推动菲律宾等国争夺南海诸岛及周围海域的重要原因之一[①]。南海是蕴藏海洋植物和动物最丰富的地区之一，珊瑚礁、红树林、海藻、鱼和植被也很丰富。1994 年南海地区盛产超过 800 万吨海洋活鱼，占全球总捕捞量的 10%。海洋资源为菲律宾获取大量外汇和就业机会。渔业和海洋旅游业也是东盟国家的重要产业，在国家中的地位和重要性越来越高。

南海渔业也是菲律宾的“粮仓”。南海是生物资源多样性的中心，但由于主权争议，各国不敢贸然开发。南海诸岛系由珊瑚礁构成，又位于热带地区，适合鱼类繁殖。丰富的渔业资源对于东南亚地区民众的生活有深刻影响，渔业不仅是粮食来源之一，更是经济活动的构成要素。东盟国家每人每年鱼类产品的消费量高于全球平均数。[②]其中菲律宾每年鱼类产品的消费量为 28.8 千克，高于世界平均的 16.1 千克，也高于东亚以及东南亚平均的 26 千克。各项数据显示，菲律宾在南海的渔业捕捞量仅次于印度尼西亚，因此南海对于菲律宾渔业相当重要。2013 年、2014 年、2015 年，菲律宾渔业产量分别为 470.5 万吨、468.9 万吨、464.9 万吨，其中，商业渔业捕捞量分别为 106.8 万吨、110.7 万吨、108.5 万吨，近海渔业捕捞量分别为 126.4 万吨、124.4 万吨、121.7 万吨，水产

① 菲律宾提交领海法案到联合国欲“强占”黄岩岛 [EB/OL]. http://news.sohu.com/20090303/n262567716.shtml.

② 王冠雄 . 南海诸岛争端与渔业共同合作 [M]. 台北：秀威资讯科技股份有限公司，2002：20.

养殖产量分别为 237.3 万吨、233.8 万吨、234.8 万吨[①]。

石油与天然气开发方面，至 2007 年 1 月，菲律宾共有 28 个石油服务合同、1 个地质调查与勘探合同、1 个服务条件合同。其中有 3 个合同目前进行石油生产，分别为 Nido and Matinloc 油田、Malampaya 天然气油田、San Antonio 天然气油田。其中 Nido and Matinloc 油田、San Antonio 天然气油田位于南海区域，Nido and Matinloc 油田位于巴拉望西边，2006 年的日产量为 16.30 万桶。San Antonio 天然气油田则为菲律宾产量最大的天然气油田，自从 2001 年开始生产后，菲律宾的天然气一直呈现自给自足的状态，由此可知南沙群岛海域对于菲律宾石油与天然气产业的重要性。

（二）加快岛礁建设，妄图换取“合法”地位

长期以来，菲律宾在其非法侵占的中国南沙群岛岛礁上大兴土木，非法进行大规模填海造地，修建机场等固定设施。中国对菲律宾上述非法活动表示严重关切和坚决反对，多次要求其立即停止一切侵犯中国主权和权益的言行，但菲律宾依旧我行我素，将中国政府的善意提醒和警告置之不理。2012 年 3 月 29 日，菲律宾无视中国抗议，宣称将继续在中国声明拥有主权的岛屿上建造轮渡码头。同年 6 月，菲律宾在南沙群岛争议岛屿修建小型幼儿园，并派军队保卫。同时，菲律宾还修复与升级卡拉延岛（即中国南沙群岛中业岛）上的军事设施，修复飞机跑道等。此外，菲律宾计划还将提升卡拉延岛（即中国南沙群岛中业岛）的港口能力，及在位于 200 海里专属经济区内其他区域修建码头。除上述行动，菲律宾还继续对仁爱礁其非法“坐滩”军舰进行加固，妄图坐实借口，将仁爱礁主权据为己有。在南海侵占的岛礁上，菲律宾不仅驻军，还部署重型武器和大型运输机。此外，加快岛礁基础设施配套建设，计划将存在主权争议的岛礁变成旅游景点，以期吸引巴拉望岛的游客前往有主权争议的岛屿进行观光，并规划了旅游路线。同日，卡塔潘率领大批记者登上菲律宾侵占的中国南沙群岛中业岛，菲律宾军方此时频繁出动作，要么放出狠话，要么晒出所占岛礁的规划图，恶意炒作中国“威胁论”。5 月 27 日，菲律宾军人和越南军人在菲律宾“控制”的北子岛（属中国南沙群岛）举行了足球和排球比赛。显然，菲律宾邀请越南

① 菲律宾统计局 . 菲律宾渔业统计 2013—2015[EB/OL]. https://psa.gov.ph/sites/default/files/FStatPhil13-15docx.pdf.

军人上岛比赛，一是对 2014 年 6 月越南军人邀请菲律宾在越南“控制”的南子岛（属中国南沙群岛）上联欢的回应互动，二是有联合越南应对中国正当维权的意图。菲律宾和越南非法侵占中国南海岛礁的数量分别为 7 个和 29 个，占中国南海被侵占岛礁（50 个）的 70%，可见两国有巨大的应对中国维权的合作基础，南北呼应，为中国合法维权增添阻力。三是给原本就孱弱的自己打气壮胆，坐实美国在南海问题上战略牵制中国的“前锋”地位。

（三）为争夺南海不懈进行国际努力

中国一贯主张同菲律宾举行双边谈判，反对外来势力干预南海争议。但菲律宾却与中国背道而驰，为争夺南海进行了不懈的国际努力，妄图将侵占中国岛礁的行为变为“合情、合理、合法”的行为，将中国岛礁变为菲律宾永久财产。

1. 菲律宾导演“南海仲裁案”闹剧

菲律宾不是与中国进行外交谈判，而是一味地诉诸所谓的国际法，将中国告上国际法庭，要求国际法庭进行仲裁。面对菲律宾的无理取闹，中国采取不接受、不参与的态度，此种情况下，菲律宾继续加大力度，单方面推进国际仲裁，企图推动国际法庭做出有利于菲律宾的仲裁。

2013 年 4 月 6 日，菲律宾外长称菲律宾希望通过国际仲裁解决菲中双方争议岛屿的主权归属问题。2013 年 6 月 25 日，国际常设仲裁法院成立了仲裁庭。2016 年 7 月 12 日，国际法庭最终做出有利于菲律宾的“南海仲裁”。虽然此后中国进行了一系列的反击和声明，但菲律宾确实通过国际法庭赢得了国际舆论的广泛关注。

2. 利用舆论宣传，唱衰装“可怜”

自 20 世纪 70 年代起，菲律宾一直以来就对南海地区提出主权声索，菲律宾颠倒黑白、篡改历史，将中国对南海的主权置若罔闻。面对中国强大的实力，菲律宾故意渲染中国海军武器精良，宣称中国海监、海警拥有巨大吨位的巡逻船，而将本国装扮得无比“柔弱”、不堪一击，目的昭然若揭——要在世人面前树立一个强大的中国欺压菲律宾的形象。比如，在 2012 年黄岩岛中菲两国舰船对峙时，中国本未派出军舰直接参与同菲律宾船舰的对峙，仅仅是出动了原来没有任何武装的海监船和渔政部门的公务船以驱逐菲律宾军舰与公务船。既然如此，菲律宾媒体居然还能够报道出所谓中国舰只的火炮口孔径远远大于菲律宾军舰，一旦开炮，菲律宾军舰将不堪一击的“新闻”，中国船只掀起的巨浪冲击到了菲律宾的船只等夸大其词、耸人听闻的不实报道，其目的是渲染菲律宾的弱小，片面夸大中国的强大和对菲律宾的欺压，赢得国际舆论对菲律宾的同情和支持，进而损害中国的国际形象。

3. 妄图绑架东盟国家施压中国

菲律宾谋求在东盟国家内部联络各派、拉拢势力，通过针对中国的联合声明或条约等类别的国际性文件，企图造成群压中国、以多胜少的态势。菲律宾多次妄图在东盟会议上加入针对中国的议题进行集体讨论，或者制定共同文件。纵观最近几年的东盟系列会议，菲律宾总要制造针对中国的提案，寻找各种时机拉拢东盟国家一起就南海问题炮制议题谴责中国，企图煽动、绑架与会各国共同对抗中国。但由于一些正义国家的坚决反对，菲律宾的阴谋始终没能得逞。首先，东盟大部分国家与中国经济依赖日益加深。其次，东盟其他国家担心东盟分裂。一方面，东盟绝大部分国家认为中国的发展对东盟是有利的。有些国家在经济上甚至政治上都依靠中国的发展，从中分享中国发展的红利，对于菲律宾提出的议题，多数抱着冷眼观看的态度，只期望对中国不要刺激太深；另一方面，个别自视对中国较为了解的东盟国家，认为中国对菲律宾提出的议题定会不予理睬。因此，各国抱着息事宁人的想法，甚至私下与中国沟通，望中国能理解东盟的难处。再次，菲律宾近年来野心膨胀，引起其他东盟国家警觉。一是在南海问题上有借势出头的投机心理，借此转移国内矛盾。二是其他南海问题声索国在地区或国际场合上不便“霸王硬上弓”，越南虽与菲律宾在南海的行动一唱一和，但公开与中国对抗绝不符合其国家利益，只能暗中支持菲律宾在东盟峰会公开指责中国。但越南是否有实力真正与中国公开叫板，答案路人皆知。

4. 谋求引入域外势力制衡中国

美国、日本、印度、澳大利亚等非南海国家的域外大国已经先后涉足南海事务。菲律宾并不满足，还在继续通过各种手段加强与美、日的勾结与合作，将这些域外大国当作与中国争端中的平衡力量和最后一根救命稻草。菲律宾不仅加强了与美国军演的频次与规模，还把原来在军事上没有进入南海的日本拉入南海军演。这正中日本要在南海地区借助南海国家牵制中国的战略意图。美国除了提高与菲律宾联合演习的规模与频率外，更是直接以维护南海航线自由为幌子将航母等军事力量开进南海进行巡航。此外，“南海仲裁案”出来后美国在各种国际场合督促中国遵守所谓的仲裁案。除美、日外，菲律宾还加紧与印度、澳大利亚等国积极联系，搅局南海、平衡中国影响力。2012年，印度海军司令表示，印度将“保护自己在南海利益”，或派军舰前往南海“护油”，据印度媒体报道，该言论获得菲副总统支持，并称赞印度在菲律宾的投资。这给本已复杂的南海局势再添紧张之感，菲律宾拉拢印度进入南海试图给中国施压。2015年1月，澳大利亚国防部长宣布，澳大利亚即将向菲律宾赠送两艘刚刚退役的“巴厘巴板”级重型登陆艇。

（四）推进武装部队现代化，尤其是海军现代化

为维护海上主权和领土完整，实现其海洋利益，菲律宾根据国内外形势的发展，不断努力推进武装部队现代化。菲律宾最高法院前大法官卡皮欧甚至声称，菲律宾如果想要维持作为主权国家的现状，必须要建立好最低限度可靠的防御，随时备战，否则将会从地图上消失。对此，卡皮欧解释说，菲律宾政府长期以来都只专注于应对国内安全问题，完全忽略了对外防御，至今仍是东南亚防御能力最薄弱的国家之一。卡皮欧声称，菲律宾应该在推动仲裁案的同时打造最低限度的可靠自我防卫能力，但即便阿基诺政府已经开始注重军事现代化，要达成这一目标仍有一段距离。

事实上，1995年菲律宾便制定《武装部队现代化法案》《菲律宾能力提高计划》等一系列发展计划，增加军费预算，加强装备建设和菲美军事关系，虽然防卫的重点有所变化，但菲律宾始终没有放弃推进武装部队现代化尤其是海军现代化的努力，同时调整了国家总体军事战略，将海军、空军作为军队建设的重点，加速实现海空军的军事现代化。菲律宾海军制定了选择性海洋控制发展战略，即管理和控制群岛附近战略要点和连接主要陆地的内水。为了实现这个主要战略目标，菲律宾海军制定了如下三个战略支点：战略力量的配置、舰船队伍、海上总兵力。[①]1995年生效的《菲律宾海军现代化方案》，包含5个方面内容：力量重构和组织结构发展、软硬件发展、人力资源发展、基本的供应系统发展、理论发展。但腐败和劳动力效率低下导致这些方面都没有取得突

① 战略力量的配置是指海军应当维持其目前的21个军事基地和据点。快速反应舰队是指保持一个精锐力量在可能的战斗地域阻止敌人持续破坏并保存继续威胁敌人。海上总兵力是指利用海上所有力量包括商船、渔船、海军预备役及其他海洋部门来共同应对入侵敌人。

破。[①] 由于受到资金限制，除了从英国购买了 4 艘“孔雀”级护卫舰外，接下来的十几年菲律宾海军现代化都没有任何起色，可以讲，海军现代化的每一种现代化武器对菲律宾来说都是极其缺乏的。

2000 年菲律宾海岸警卫队制定了 15 年能力发展计划。2003 年 10 月，菲律宾时任总统阿罗约与来访的美国时任总统布什达成援助菲律宾实施《防卫改革计划》（*Philippine Defense Reform Program*）和《能力提高计划》（*Philippines' Capability Upgrade Program*）协议。菲律宾《防卫改革计划》主要着眼于武装部队“软实力”建设，提出从防卫计划的制定、操作管理到能力提升到信息管理等十个优先发展的领域[②]。菲律宾《能力提高计划》主要着眼于武装部队“硬实力”建设，提出包括紧紧围绕发展外部防卫能力这个远期目的，改善和最大限度提高菲律宾武装力量装备水平。该计划分三阶段共 18 年实施。第一阶段（2006—2011 年）采购和装备升级，提高菲律宾武装部队维护国内安全的能力；第二阶段（2012—2018 年）从“维护国内安全”过渡到“领土防卫”；第三阶段（2019—2024 年）采购和装备升级，提高菲律宾武装部队维护领土安全和和平的能力。2007 年 1 月，阿罗约批准军方 100 亿比索采购计划，用于支持菲律宾军队现代化。2012 年菲律宾海军还从美国购买第二艘“汉米尔顿”级巡逻舰，以加强和提升海军实力和巡逻能力。

直到 2014 年，菲律宾海军现代化才迎来一波发展高潮。2014 年 2 月，菲律宾宣布购买 2 艘新型护卫舰，价值约 4 亿美元，并宣布放弃采购 2 艘意大利海军退役的 Maestrale 级护卫舰的计划。5 月，菲律宾发布招标公告采购一架价值 1.12 亿美元的反潜直升机和 4 架价值 1.14 亿的近空支援飞机。此外，还与以色列航空航天工业进行谈判，以获得 3 项监控雷达，价值 5700 万美元。此外，菲律宾还发出采购价值 1.36 亿的海上巡逻机的采购招标公告。

自 1997 年亚洲金融危机以后，菲律宾的经济发展一直比较缓慢，经济实力

---

① 《菲律宾武装力量现代化法案》（共和国 7898 号法令）制定了一系列防卫需求清单。但 1995 年制定的清单到 1999 年进行了全盘修改。法令通过后，直到 2000 年 1 月才下拨预算资金。与其他国家不一样，没有一个监督部门监督预算资金的使用，新成立的国防现代化办公室戏称为其国防部门下属职工。

② Philippine Defense Reform Program[EB/OL]. https://www.globalsecurity.org/military/world/philippines/pdr.htm.

较弱，导致军事现代化一直无法按照预定计划进行，与周边国家相比，菲律宾海军装备相对比较落后。未来，菲律宾武装部队发展的重点仍然是优先发展空军和海军。菲律宾武装部队发展滞后的原因有很多，但归纳起来不外乎三点：一是菲律宾过分依赖美国的安全保护伞，即使在1974年菲律宾415号总统令宣布建立自我防卫计划时仍然没有充分意识到没有自己的国防工业；二是缺少发展资金，菲律宾经济不景气、人口众多、生产产品的能力非常有限，导致财政入不敷出；三是应对内部安全形势耗费了大量资金。

受国家经济发展的制约，菲律宾武装现代化的计划受到重挫，海军近年的发展一直较为缓慢，发展明显滞后。面对落后的军事武器装备，阿基诺政府时期，在南海争端问题上，更多地采取了政治外交攻势，在东盟地区论坛、东盟会议上大肆发声，攻击中国，企图联合东盟成员国和域外势力一起来对中国施加压力，迫使中国改变在南海争端的态度和做法，甚至一度闹出南海争端仲裁的闹剧。好在杜特尔特总统上台后，对中菲关系、菲美关系有了清晰的认识，看到了美国对菲律宾的不公正待遇，而中国也看到了菲律宾发展经济、禁毒、南海政策的调整，因此，中菲找到利益平衡点，中菲关系得到全面恢复，南海争端迅速降温，使得美国在南海挑事的支点被削弱，南海进入“再平衡”局面，这对推进“一带一路”建设非常有利。

表4–1　1995—2015年菲律宾海空军装备一览表

海军					空军			
年份	舰艇数量(艘)	吨位	潜艇(艘)	吨位	≤3代战机(架)	≥4代战机(架)	预警机(架)	加油机(架)
1995	1	1776	0	0	11	0	0	0
2000	4	4101	0	0	11	0	0	0
2005	4	4101	0	0	11	0	0	0
2010	4	4101	0	0	0	0	0	0
2015	7	12081	0	0	0	12	0	0

注：水面舰艇是指包括轻型舰艇及以上吨位的舰艇，数量统计至2015年前，包括订购交货和正常退役的数量。≤3代战机指的是三代机或之前型号的战机，≥4代战机指的是四代机或之后型号的战机。

资料来源：The Military Balance 1995-2014 eds.; Jane’s Fighting Ships 1995-2014 eds.

杜特尔特总统上台后，菲律宾国防部希望能将国防军费预算由当时占GDP

的 1.5% 的比例提高到 2.5% 的比例。政府将实施一个为期 5 年的武装部队升级的计划（2018—2022 年），将追加预算 17 亿美元，以缩小与周边国家的军事差距，从而应对南海局势以及菲律宾国内的反叛势力和禁毒斗争[①]。杜特尔特总统上台后，菲律宾推进武装部队现代化的武器除了向美国购买外，也开始向中、俄购买武器。菲律宾有意愿从俄罗斯购买“基洛”级潜艇和攻击型直升机等现代化装备。2016 年 10 月，杜特尔特访问北京时获得了 1400 万美元的赠款和 5 亿美元国防武器采购贷款[②]。此外，2017 年 6 月 28 日，菲律宾还从中国接收了一批价值约 5000 万人民币的中国产美式突击步枪和狙击步枪用于打击菲律宾南部城市马拉维的反叛武装组织。菲律宾国防部长德尔芬·洛伦扎纳补充说，如果军队觉得这批武器质量好，菲律宾将从中国购买更多武器，包括快速反应船、夜视镜、无人机及近距离武器[③]。

（五）加强海洋安全多双边合作

作为群岛海洋国家，菲律宾维护海洋安全是国家安全的重要组成部分。为实现海洋安全，政府着重解决内部和外部安全环境，寻求“自我与合作防卫”战略。海洋安全的外部维度是菲律宾已经加入几个多边和双边协议。作为联合国成员国之一，菲律宾签署了从冲突解决到生态维护等一系列条约，遵从联合国发起的一系列条约。作为东盟一员，菲律宾遵守不干涉内政及和平解决南海争端原则。菲律宾还是《致力于解决地区安全事务的东盟地区安全论坛》的一员。

国家双边安全安排覆盖范围很广，从教育和培训到双边海军活动和训练。与菲律宾有紧密海洋安全合作的国家有中国、美国、越南、马来西亚、印度尼西亚等。

1. 菲律宾与美国海洋安全合作

杜特尔特总统上台执政前，美国是菲律宾有关海洋安全方面最重要的伙伴。

---

① US-China War over South China Sea Reefs Will not Happen, Says Philippines' Defence Secretary [EB/OL].（2017-02-03）http://www.scmp.com/news/china/diplomacy-defence/article/2067821/ us-china-war-over-south-china-sea-reefs-will-not-happen.

② 1998 年美菲访问部队协议 [EB/OL]. https://www.state.gov/documents/organization/ 107852.pdf.

③ Manuel Mogato.Philippines says US military to upgrade bases, defense deal intact[EB/OL].（2017-01-26）https://www.reuters.com/article/us-philippines-usa-defence/philippines-says-u-s-military-to-upgrade-bases-defense-deal-intact-idUSKBN15A18Z.

菲美通过 1951 年的《双边防卫协定》和 1998 年的《访问部队协议》的生效为菲美两个双边海上联合战备训练演习、“肩并肩”军事演习铺平了道路，其重点是提高菲律宾海军海上作战能力并在南海争端中借美国力量“平衡”中国，有“拉大旗，扯虎皮”之意。特别是在南沙群岛问题上，菲律宾有意借助外来势力的帮助，而美国受利益驱动也有意使南沙群岛问题国际化、扩大化和复杂化。美菲缔结新美菲同盟框架协议，美军轮换部队进驻菲律宾，菲美两军不但可以进行联合训练，更主要的是美国还可为菲律宾军队现代化提供支持。随后，菲律宾与美国更是加紧了《加强防务合作协议》（EDCA）的谈判进度。该协议着眼于分析为期 10 年的协议之于美菲安全关系的意义，以及对南海岛礁和海洋争端的影响。2002 年 5 月，美菲“肩并肩”联合军演在菲律宾南部展开。此后，菲律宾与美国进行了系列军事演习，美国还为菲律宾提供军事武器和人员训练等，以支撑菲律宾成为南海争端中对抗中国的急先锋。从 2012 年开始，美菲每年都要举行规模不等的演习数场（见表 4–2）。

表 4–2　美菲联合军演（2012—2017 年）

演习名称	时间及地点	科目	备注
美菲“肩并肩”	2012 年 4 月 16—27 日，地点在巴拉望海域	包括由美军陆战队协助菲海军开展对海上石油和天然气平台进行防卫及从敌人夺回海上钻井平台的训练	加强安全、反恐、人道救助和灾难应对
卡拉特 2012	2012 年 7 月 2—11 日，地点在菲律宾南部棉兰老海	战地指挥所演习、海上拦截、潜水、海上射击、打捞、海上搜救	双方共派出约 950 名海军官兵和海岸警卫队员参加
环太平洋 2012 多国联合军演	2012 年 6 月 27 日—8 月 7 日，地点在太平洋夏威夷海域	灾难救援、海事安全、海域控制和复杂作战，课目包括两栖作战、火炮、导弹、反潜和防空演练，反海盗、扫雷、排爆、潜水及打捞等	多国联演
2012 海岸监视系统能力演习	2012 年 9 月 3—7 日，地点在东棉兰老达沃市和桑托斯将军城	对指定目标侦查、跟踪、监视	美 P–3C“猎户座”反潜侦察机参演

续表

演习名称	时间及地点	科目	备注
两栖登陆训练演习	2012年10月8—18日，地点在吕宋岛苏比克湾	两栖登陆为主（其他不详）	1500名菲军方人员，2500名美方人员
卡拉特2013	2013年6月27日—7月2日，地点在吕宋岛三描礼士沿海地区	联合两栖登陆演习、海上安全行动、“海洋权益”意识、情报共享、丛林战以及“人道主义”救援和救灾等活动	菲律宾派出“德尔毕拉尔”号巡逻舰以及数艘小型舰船，美国则出动“菲茨杰拉德”号驱逐舰等，美国海军投入的参演兵力、舰船型号和演习科目都创下纪录
菲布莱克斯	2013年9月18日—10月10日，地点在吕宋岛三描礼士省某海军基地	模拟两栖攻击、夺取被敌军攻占岛屿	两艘美舰参加并进行实弹地面火力射击。该基地距黄岩岛220千米，两国约2300名海军陆战队员参加
美菲“肩并肩”	2014年5月5日—16日，菲律宾国内多处地点	“海上安全”、人道主义救援及灾害响应、人道主义民用工程援建等内容	大约2500美军士兵和3000名菲律宾士兵
卡拉特2014	2014年6月26日—7月1日，地点在吕宋岛西部的苏比克湾、三描礼士、甲米地和特尔纳特等地附近海域	海上联合作战、两栖登陆、潜水打捞、海上巡逻和侦察飞行等	美国派出包括最新服役的阿利·伯克级“哈尔西”号导弹驱逐舰在内的3艘军舰和一千余名海军陆战队参加军演。菲律宾则派出2艘购自美国海岸警卫队的退役巡逻舰和400余名军事人员
美菲“肩并肩”	2015年4月20—30日，地点在吕宋岛中部、西部、中南部的多处军事基地，公主港、班乃岛	涉及军事、人道民事援助	菲美两国参与演习的军种包括陆军、海军、空军、陆战队以及特种作战部队，菲方将出动5023人、15架飞机、1艘军舰，美方则出动6656人、76架飞机以及3艘军舰。
美菲“肩并肩”	2016年4月4—15日，地点在吕宋海、中业岛所在的自由群岛周边水域以及黄岩岛海域等5处	夺岛演习及油井防卫战	美菲8500人参加，美国国防部长卡特首次观摩，日本首次以观察员国身份观摩

续表

演习名称	时间及地点	科目	备注
两栖登陆演习	2016 年 10 月 4—12 日，地点在三描礼士、邦板牙、巴拉望等地	人道主义援助和抢险救灾	美菲 1600 人参加，相较 2015 年规模缩小
美菲“肩并肩”	2017 年 5 月 8—20 日，地点在吕宋岛地区和米沙鄢群岛地区	人道主义援助、救灾和反恐	规模、人数下降，美菲 5400 人参加，地点改变，首次放弃南海作为军演场所

资料来源：根据各方报道整理。

从表 4–2 中可以看出，菲美传统演习的内容和范围都得到了拓展，具有转型意义。美菲由传统强调陆上反恐，逐步向海上联合演习、南海争端海域靠拢，演习的科目从传统反恐、人质解救，逐渐向登岛、抢滩等科目转化，带有明显的推动争议扩大化和为菲律宾“打气”的目的。

此外，在历次东盟会议上，美国都要联合菲律宾在东盟会议上抛出南海议题，逼迫东盟通过南海议题的联合宣言。而东盟国家清晰地认识到，南海争端只是部分东盟国家与中国的岛礁争端，南海争端不是中国—东盟关系的全部内容，不适合每次会议都离不开南海议题，美国每次都在东盟会议上硬塞南海议题，导致南海议题绑架了整个东盟。2015 年 11 月 4 日，在美菲的搅局下，美国硬要将南海问题塞进在马来西亚吉隆坡举行的东盟防长扩大会（10+8）联合宣言，导致无法达成共识，会议未能如期发表联合宣言。美菲更是宣称“没有宣言比一份避开了中国主权声索和军事化南海这一重要事项的宣言要好”。[①]

2. 菲律宾与印度尼西亚海洋安全合作

菲律宾与印度尼西亚两国相邻的一些岛屿居民，社会文化联系已存在逾世纪。1975 年，菲律宾与印度尼西亚两国签署《边境巡逻协议》，旨在加强边境地区的法律实施。根据协议，两国配备了联络官不间断地协调边境巡逻行动。1975 年菲律宾与印度尼西亚还签署了《跨境安排协议》，共同成立了几个跨境经济合作区。两国还举行两年一次的整治海洋污染行动。两国组建了由两国边境最高军事指挥官担任主席的秘书处。秘书处有关行动的任何请求由两边的联

① 社评 . 没联合宣言，比有乱谈南海的宣言好 [EB/OL]. http://opinion.huanqiu.com/editorial/2015-11/7911579.html.

络官向各自国家反映和协调或通过各自主席由上一级部门协调。

3. 菲律宾与马来西亚海洋安全合作

为促进边境地区人和货物的流动及阻止边境地区非法活动，两国成立了菲马边境合作联合委员会。1967 年两国签署《反走私合作协议》后，1995 年双方呼吁相互交换商船访问各自边境港口。1995 年后，菲马实现了年度联合巡逻的合作，旨在阻止非法活动，如贩毒、抢劫、非法移民、海盗、走私、猎取海洋资源、海洋污染等。此外，两国国防部签署了《防卫合作谅解备忘录》，目标是建立双边海军演习和相关防卫事务。

4. 菲律宾与中国海洋安全合作

1995 年，菲律宾与中国达成《八点行为准则》，准则强调各方放弃使用武力，用和平方式解决领土争端，在科学研究、海洋和海事领域进行有利于双方利益的活动，共同维护航海自由和海洋资源的保护。2000 年，菲律宾时任总统埃斯特达访问中国时双方政府再次强调这些准则。2011 年菲中双方重申尊重和遵守中国与东盟国家于 2002 年签署的《南海各方行为宣言》。

5. 菲律宾与越南、日本的海上合作

菲律宾与越南虽然在南海争端上存在利益分歧，但也存在共同利益，两国为此积极努力，取得了一系列积极成果。军事外交方面，1999 年，菲律宾海军和越南海军签署武官备忘录，建立传统友谊关系和加强相互信任和理解。双方进一步地宣布不使用武力解决争议，在造船、研究、搜救、打击海盗和其他海洋努力等方面加强合作。海上合作方面，菲律宾和越南两国携手并进在科学研究、海洋和海事合作事项以及东盟和其他多边组织合作上取得了成效。这种双边和多边合作产生的积极成果推动了两国进一步采取积极的态度，搁置争议，取得更加富有成效和有利的成果。战略伙伴关系方面，越南前副总理兼外交部部长范平明于 2015 年 1 月 29 号开始对菲律宾进行两天的访问，双方就建立战略伙伴关系，加强安全和贸易以及文化关系进行磋商，菲律宾时任外长罗萨里奥称，与越南的战略伙伴关系是菲律宾继于美国、日本之后建立的第一个战略伙伴关系，菲越战略伙伴关系将通过联合海军巡逻、训练及演习来加强两国之间的高级别接触，以及海上安全合作。日本、菲律宾和越南这三个分别在东海、南海与中国有主权争议的国家，相互强化防务合作，背后意图让人关注。

菲律宾与日本的合作更是引人注目。菲律宾和日本军事方面互动频繁。日本和菲律宾从 2014 年开始就不断加强防卫合作，除了实现海上军官互访，日本海上自卫队船舰在菲律宾停泊的港口得到扩充，而且菲律宾从日本得到 10 艘海洋巡逻船。2015 年 1 月，日本时任防卫相中谷原与菲律宾时任国防部长加思明在日本防卫省举行会谈，并签署了关于防卫合作的备忘录，双方表示考虑到中国在东海和南海的活动日趋频繁，将会加强在海上安全领域的合作，在年内实现联合训练，强化合作的意图不言而喻，日本也将向菲律宾空军提供航空运输经验方面的指导。

（六）借助美国抗衡中国及提升武装实力

菲律宾虽然武装落后，但面临的反恐和反海盗的任务却比较艰巨，同时，还要在广阔的专属经济区进行渔业管理、护航等任务。对此，自身没有军事实力的菲律宾只能依靠美国，希望借助美国的军事力量来提升菲律宾武装部队的战斗力以及平衡中国。菲律宾频繁与美国举行双边或多边的海上训练演习，希望借助盟国的力量来保护和扩大自身的海上利益。南沙群岛争端问题上，菲律宾更是希望借助盟国的力量来为自己撑腰。而一些大国受利益驱动也有意使南沙群岛问题国际化、扩大化和复杂化。

美国“9·11”事件后，菲美军事同盟关系发展很快。菲律宾武装部队不仅得到了美国的大量军事援助，使得军事装备现代化有所提高，还通过与美联合军事演习,增长了菲律宾武装部队的战斗经验,使部队接触到现代化的武器装备，并且自认为对中国起了潜在威慑作用，增强了其在南海争议中的底气。很明显，菲律宾政府指望借助外力来为其侵占中国的南沙群岛的活动撑腰。美菲军事同盟关系的加强，一方面提升了菲律宾的军事武装水平，为维护海洋权益和提升南海争端谈判添加了筹码，同时为美国维持亚太再平衡，维持亚太地区的海洋霸权提供了战略支点，另一方面也加剧了地区紧张局势，不利于和平解决南海争端，为地区不稳定添加了诸多变数。

四、菲律宾海洋权益维护与海洋执法的法律与体制

（一）菲律宾海洋权益维护与海洋执法的法规体系

菲律宾海洋管理的基本战略思路和政策方向，具体体现在其《宪法》《地方政府法》《渔业法》等法律当中。这些法律反映出了菲律宾海洋战略实施的基本目标、主要地理范围、主要实施部门和单位、主要服务对象，以及中央与

地方、政府与社会等不同层级相关主体的相互关系。[①]

1. 菲律宾《宪法》（1987 年）

菲律宾 1987 年颁布的《宪法》为自然资源利用管理以及环境保护提供了基本的政策依据。《宪法》第一条对菲律宾领土范围的定义："国家的领土是由整个菲律宾群岛组成的，包括包含在其中的所有岛屿和水域，以及其他所有菲律宾拥有主权和管辖权的领土。这些组成了菲律宾的陆域、水域和空域"；"在岛屿之间并连接岛屿的周边水域，不论其大小尺寸，组成了菲律宾的内部水域"。[②] 此外，根据第 370 号公告（Proclamation No. 370，1968）和 1599 号总统令（Presidential Decree No.1599，1978），菲律宾建立了它所宣称的大陆架和专属经济区。[③]

从海洋法在国内确认的过程来看，菲律宾曾积极参加过第一次、第二次联合国海洋法会议，但没有签署 1958 年的日内瓦海洋法公约。在第三次联合国海洋法会议上，菲律宾和其他群岛国家经过长期的努力和斗争，终于确认了群岛国制度。目前，菲律宾已经签署了《公约》。在东盟国家中，菲律宾海洋立法最为全面，维护海洋权益显得更加"有法可依"。[④]

2. 宏观海洋政策

菲律宾在海洋管理方面制定了大量的政策和规划，体现了作为一个群岛国家，海洋对其的重大影响和其自身对海洋问题的重视。菲律宾的海洋政策可以分为两类，一类是类似《菲律宾国家海洋政策》《21 世纪议程》《2011—2016 年发展计划》等国家在海洋发展方面的整体性战略，具有较大宏观性，体现了现在以及未来一段时间内菲律宾海洋发展和管理方面的基本政策走向，这些海洋政策提出了海洋开发利用的基本原则和战略发展方向，提出未来发展目标，

---

① 雷小华，黄志勇 . 菲律宾海洋管理制度研究及评析 [J]. 东南亚研究，2014（1）：64–72.

② 菲律宾宪法（1987 年）[EB/OL]. http://www.wipo.int/wipolex/zh/text.jsp?file_id=224964.

③ 雷小华，黄志勇 . 菲律宾海洋管理制度研究及评析 [J]. 东南亚研究，2014（1）：64–72.

④ 雷小华，黄志勇 . 菲律宾海洋管理制度研究及评析 [J]. 东南亚研究，2014（1）：64–72.

明确优先发展领域等宏观政策，为具体政策和海洋法律提供政策指导框架。[①]

另一类是类似菲律宾渔业资源管理规划、沿海环境规划、国家海事安全规划、菲律宾生物多样性战略等涉及某一区域或者海洋发展某一方面的计划、规划，它们是根据第一类国家综合性海洋战略制定的具体政策，其思想原则与第一类保持一致，内容上注意具体落实菲律宾海洋大战略的基本政策目标。

（1）菲律宾《国家海洋政策》。

菲律宾《国家海洋政策》是一个用来解决所有有关海洋问题的政策框架，提出了菲律宾海洋战略及其重要的原则和内容[②]。它确定了四个国家优先关注的重点，包括国家领土的范围、保护海洋生态、海洋经济和技术管理以及海上安全。比如采取开发和管理海洋资源与可持续发展保持一致；采取"谁污染谁治理"的原则，以一体化的沿海资源管理体系为基础对沿海资源进行管理。此外，还包括发展海洋研究和渔业管理计划、开发和发展能源资源、推广海事技术等。《国家海洋政策》同时还强调了要促进海洋产业发展、融合区域经济和技术合作、积极参与保护海洋环境的国际合作当中等[③]。其中最为重要的是提出首先应考虑菲律宾的群岛特性；沿海和海洋区域是社会经济发展的重要基础；实施《公约》必须符合菲律宾国家利益；协调相关部门积极参与规划和决策等四个基本原则，确定国家领土范围、海洋生态保护、海洋经济与技术以及海上安全等四个优先关注重点。《国家海洋政策》设立了四个基本原则，这些原则都建立在各种与海洋相关问题的政策决定的基础上。第一个原则指出，首先应考虑菲律宾的群岛特性；第二项原则声明沿海和海洋区域被视作社会、生态和资源的重要基础；第三个原则声称，实施《公约》必须符合在国家海洋政策定义的国家利益。国家海洋政策视《公约》为一个合理的改革议程，并在《国家海洋政策》中定义地理范围方面提供了宝贵意见。第四个原则是要通过海事和海洋事务委员会（Cabinet Committee on Maritime and Ocean Affairs，MOAC），确保相关部门

---

① 雷小华，黄志勇．菲律宾海洋管理制度研究及评析 [J]. 东南亚研究，2014（1）：64–72.

② Cabinet Committee on Maritime and Ocean Affairs. National Marine Policy[M].Philippines: Foreign Service Institute: Manila, 1994.

③ Miguel D Fortes. The Philippine JSPS Coastal Marine Science Program: Status, Problems and Perspectives[EB/OL]. http://www.terrapub.co.jp/e-library/nishida/pdf/nishida_173.pdf.

积极参与到具有协调性和协商性的规划和决策过程当中。四个原则和优先关注重点的提出凸显了菲律宾群岛国家特征，反映了菲律宾重视海洋发展，重视相关部门的协调，重视环境保护和经济可持续发展以及海洋安全，强调海事和海洋部门在国家发展中的作用等。[①]

表 4–3　菲律宾国家海洋政策的政策声明和目标

国家领土	海洋生态	海洋经济与技术	海上安全
菲律宾领土定义和划定是以现行法律为依据的，根据《公约》其中没有一个是无效的	根据可持续发展的原则探索，开发和管理离岸 / 海洋资源	提出一个可行的海洋渔业管理计划	加强海上安全——国家的海洋资产、海事活动、领土完整和沿海的和平和秩序得到保护，维持和增强
根据《公约》没有义务重绘现有基线	在海岸线综合管理框架内开发和管理沿海资源	提供持续和充足的能源供应	作为国家安全的重要组成部分，要促进和加强海上安全
既然国际上承认《巴黎条约》的界定仍然是一个问题，菲律宾的海洋管辖区（即领海、毗连区和大陆架）扩展会很好地建立在现行菲律宾法律和习惯国际法的基础上	通过全面的信息方案发展和加强国家的海洋意识	海事部门的技术能力得到发展	为培育国家海洋工业持续的盈利能力和增长提供一个稳定与和平的社会政治和行政环境
	鼓励发展海洋研究计划	推动在海洋领域的投资	保护和捍卫菲律宾海洋资源的完整性
	采用“谁污染谁治理”的原则确保海洋环境得到保护	利用信息技术来实现国家海洋政策的目标	确保预防和有效应对自然灾害和人为灾害
	确保海事职业学校和其他机构高品质地培养海事相关问题的专家	加强地区在海洋事务方面的经济技术合作	为妥善和有效地收集、处理及分配支持国家海洋政策的战略信息提供领导和指导
		加强对海事问题的贸易政策支持	

① 雷小华，黄志勇．菲律宾海洋管理制度研究及评析 [J]. 东南亚研究，2014（1）：64–72.

（2）菲律宾《21世纪议程》。

为了实现国家的可持续发展，菲律宾在结合联合国环境与发展大会通过的重要文件《21世纪议程》的基础上，制定了菲律宾自己的《21世纪议程》。菲律宾的《21世纪议程》建立在“赋权”的基础上，希望通过“赋权”，让政府、民间社会、工人和商界等相关各方，在经济公平增长、社会治理和清洁环境等方面充当更加积极的角色[①]。该议程还认识到整个生态系统的相互作用对整体环境的影响，提出以生态系统为基础的战略，实施岛屿综合开发方法。[②]该战略还提出通过提供向下层民众负担得起的贷款，增加农村的生存发展机会；为基本社会服务和基础设施的使用提供便利，促进沿海资源的公平使用等方法，来实现经济和社会的发展。

该战略采用岛屿综合开发方法，符合菲律宾群岛国家的发展需要。菲律宾《21世纪议程》在沿海和海洋生态系统的部分，指出了目前菲律宾在海洋资源利用和管理中的大量问题：国家机构之间缺乏协调、部门机构政策发生冲突、各种用途的沿海地带之间缺乏协调、相关部门执法能力不足、对违反菲律宾《渔业法》的行为审判过程过慢等问题。

自1996年菲律宾政府开始采用《21世纪议程》，尽管20多年过去了，它所提出的一些行动计划至今没有得到充分实施，一些政策目标即使放到今天仍然适用。如《21世纪议程》中提出：建立完善的国家海洋政策；实现国内政策与1982年《公约》的协调；在国家和地方层面采取海岸区管理计划；实施监测、控制和监视系统；制定具体的行动纲领来减轻陆地活动对海洋环境的影响。

（3）菲律宾《2011—2016年发展规划》。

国家发展计划是国家经济发展的路线图，用来确定未来6年国家的发展方向和重点，从而有效地分配有限的资源。菲律宾的国家发展计划由总统指导国民经济与开发局（National Economic and Development Authority，NEDA）来发起制定，该计划每6年更新一次，又被称为菲律宾中期发展计划（the Medium-Term Philippine Development Plan，MTPDP）。国家发展计划的起草是建立在社会经济发展议程的基础之上，而这个议程是由总统来制定的，总统会确定这一

① 菲律宾21世纪议程[EB/OL]. http://pscd.neda.gov.ph/pa21.htm.

② 雷小华，黄志勇．菲律宾海洋管理制度研究及评析[J]. 东南亚研究，2014（1）：64-72.

段时间内国家政策和项目的大致方向。因此，总统对国家发展计划有重大的影响。

菲律宾《2011—2016年发展规划》由国家经济发展署（NEDA）于2011年发布，其最终目标是实现包容性增长和减少贫困。该计划总共有十章，其中涉及菲律宾海洋管理的主要是第四章：有竞争力和可持续的农业和渔业部门；第八章：社会发展；第九章：和平与安全；第十章：环境和自然资源资源的节约、保护和修复。

菲律宾《2011—2016年发展规划》强调渔业和农业具有几乎相等的地位，渔业和农业是其经济发展的重要支撑。明确提出未来6年渔业、农业、沿海城市、安全等发展目标。制定具体措施，加强对沿海和海洋资源的管理，保护生物多样性和生态系统①。

为建立有竞争力和可持续的农业和渔业部门，菲律宾农业和渔业部门的总产值增加计划从2010年的2572亿菲律宾比索，到2016年增长到3311至3343亿菲律宾比索。其中，渔业生产总值要从2010年的643亿比索增长到2016年的838亿至846亿菲律宾比索。在菲律宾的发展计划中，渔业和农业具有几乎相等的地位，渔业和农业是其经济发展的重要支撑。但是，渔业产值在农业和渔业部门的总产值中比例只有大约四分之一，而且总产值很低，这不太符合菲律宾群岛国家的特征。渔业是菲律宾很有发展潜力的基础性产业，可以预见其会在菲律宾的发展战略中始终保持重要地位。

菲律宾《2011—2016年发展规划》还提到，要将拥有地方水域的沿海城市数量在2010年的919个的基础上有所增加。虽然到2016年该类型城市的具体数量并没有规定，但是可以看出通过权力下放，以“赋权”的方式来提高地方政府在海洋管理中的积极性和活力，将会是菲律宾海洋战略的长期方针。

菲律宾《2011—2016年发展规划》在和平与安全部分提出的重要目标是保持国家安全环境的稳定。菲律宾《2011—2016年发展规划》希望菲律宾的军事力量在2011—2016这一时期完全有能力维护主权和领土完整，为此要拥有发达的监测、通信和拦截能力。因此，菲律宾《2011—2016年发展规划》提出要在现有海岸监视系统的监测和检查能力持续增强的基础上，到2016年要实现对所有领海能有效监视。菲律宾的国防武装部队、水警以及海岸警卫队都需要参与

① Philippine Government, PDP, 2011 to 2016[EB/OL]. http://www.neda.gov.ph/PDP/rm/pdprm2011-2016.pdf.

到菲律宾《2011—2016年发展规划》中。但是，就整个国家安全来看，菲律宾《2011—2016年发展规划》似乎没有明确的政策来改善海上防御和执法能力。

为了实现环境和自然资源的节约、保护和修复这一目标，菲律宾《2011—2016年发展规划》提出要加强对沿海和海洋资源的管理，提出对于那些生物多样性和生态系统有重要意义的陆地、内陆水域以及沿海和海洋地区，要尽量通过国家综合保护区系统和其他地区性保护措施来实施有效公平的管理，并不断提高其比例[①]。具体目标是通过NIPAS管理的陆地面积比例从2010年的2.10%提高到2016年的8.83%，海洋公园的比例从2010年的0.09 %提高到2016年的0.62 %。根据RA9147《野生动物保护法》来进行管理的重要栖息地比例从2011年的0.0006%提高到2016年的1.01 %。该项工作主要涉及环境和自然资源部、农业部—渔业和水产资源局以及当地政府部门。

从菲律宾《2011—2016年发展规划》中的相关内容来看，海洋方面的内容并没有保持很好的整体性和联系性，没有构成国家持续和长期的海洋政策议程。尤其就最重要的海洋资源的开发利用来看，其政策内容还有很多空缺的地方。

（4）《地方政府法》（1991年）。

《地方政府法》也被称为菲律宾共和国7160法案（*Republic Act 7160*），是一个对沿海资源和渔业管理有重大影响的立法，它的制定为菲律宾《宪法》中所提出的政治自治和权力下放的原则提供了具体的操作方法[②]。过去的沿海资源管理计划都源于国家政府机构，如农业部—渔业和水产资源局，以及环境和自然资源部）。但《地方政府法》的颁布改变了这一现象，该法赋予地方政府在沿海资源和渔业管理的主要责任，地方政府是沿海地区经济发展和海洋管理的主体，极大地提高了地方政府的积极性。《地方政府法》第十七条明确提出，将环境和自然资源管理的部分职能从环境和自然资源部下放给地方政府。如果说《宪法》主要是为国家海洋战略的基本方向打下了法律基础，那么《地方政府法》则从法律方面为菲律宾海洋战略的有效推进提供了动力。

1987年《宪法》规定了国家在管理和保护环境方面的基本责任："国家应

---

① Philippine Government, PDP, 2011 to 2016[EB/OL]. http://www.neda.gov.ph/PDP/rm/pdprm2011-2016.pdf.

② 菲律宾地方政府法（Local Government Code of 1991）[EB/OL]. http://extwprlegs1.fao.org/docs/pdf/phi93246.pdf.

保护和促进人民符合大自然的节奏与和谐，平衡和健康的生态的权利。”同时，《宪法》第二章第二十五部分提出了地方政府自治的原则。在这一原则基础上，《地方政府法》赋予了当地政府一定的权力和责任，包括对地方水域海洋资源专属利用权、通过制定地方条例创收（如渔业执照费）、同其他地方政府机构在能实现互利的领域进行合作等[①]。

此外，《地方政府法》还提出了其他一些重要的内容，用以规范地方政府进行海洋管理的方式方法，以及地方政府机构和国家机构之间的关系：国家机构的职能要求在其管辖范围内实施计划或项目之前，有义务与当地有关政府部门、非政府组织和人民团体进行磋商；国家机构在规划和实施项目阶段，都需要与地方政府部门协调；政府的计划和项目可能会造成不良的影响，如环境污染或资源枯竭，因而要求各执行机构采取措施防止或减轻这种影响；任何项目，在没有地方立法会明确批准的情况下都不能进行；在地方水域，沿海地方政府部门有责任保护沿海环境，并有权通过立法来规范可能会影响生态平衡的各类沿海活动。

总之，《地方政府法》规定地方政府部门必须与国家政府部门共同承担保护环境的责任。因此，在地方一级，当地政府机构要承担管理地方水域的主要责任。这种做法虽然降低了国家政府机构的负担，增强了地方政府的积极性，但也产生了很多问题。首先，这个繁重的管理责任不仅需要地方政府发展自身执行环保条例的技术能力、具备能力制定自己的沿海资源管理计划、拥有建立沿海资源管理单位的各种资源，还要不断提高执法能力，这是对地方政府的重大挑战。地方政府能否有效履行相关责任，值得怀疑。其次，由于没有一个国家级的沿海资源管理政策进行统一的领导和管理，各类技术援助方案不成体系，各种机构的服务重叠，而各个地方政府则在实行不同的沿海管理策略。

（5）菲律宾《渔业法》（1998年）[②]。

1998年菲律宾《渔业法》，又称“共和国8550法令（*Republic Act 8550*）”，它的作用主要在于规范开发、管理、保护和利用渔业和水产资源。菲律宾《渔业法》

① The Local Government Code of the Philippines[EB/OL]. http://www.chanrobles.com/localgovfulltext.html.

② 菲律宾渔业法（REPUBLIC ACT NO. 8550）[EB/OL]. http://policy.mofcom.gov.cn/section/flaw!fetch.action?libcode=flaw&id=56699124-a9e8-4b5b-8d47-fa419f10bd6d&classcode=643.

的一个重要特征是综合了所有与渔业相关的立法。作为海洋国家，菲律宾的渔业在其经济社会中具有独特意义，是其海洋战略的重心所在。菲律宾《渔业法》的颁布为其整个海洋战略的有效实施打下了很好的基础。

菲律宾《渔业法》主要内容有：保护菲律宾公民从渔业资源中受益的专属权利；确保对专属经济区和毗经济区的渔业资源实现可持续发展、管理和保护；确保渔民在地方水域获得渔业和水产资源的优先权，并提供反对外国侵犯的国家保护；以沿海地区综合管理为基础进行渔业和水生资源管理；以最大可持续产量和总可捕量两个指标为基础，对渔业活动和工具应用进行规范。

菲律宾《渔业法》为沿海城市和直辖市对地方水域的管辖建立了明确的规范。而其权力下放政策与《地方政府法》一致。《渔业法》授予地方政府执行《渔业法》，并保留其为规范和管理渔业资源而制定各种条例的立法权。渔业和水产资源局负责为提高地方政府部门的执法能力提供援助。地方政府部门被要求就地方水域休渔、商业捕鱼、建立渔业保护区等问题同渔业和水产资源局进行协商。

除此之外，菲律宾《渔业法》还将渔业执法权授予其他执法单位，包括农业部—渔业和水产资源局、菲律宾海军、菲律宾海岸警卫队、菲律宾国家警察、菲律宾国家警察海事处等部门，以及被 BFAR 委托为渔业协管员的地方政府部门执法人员（包括当地官员和政府雇员、镇级官员和渔民组织的成员）。不过，众多机构参与渔政执法的有效性至今尚未得到证实，因为各个机构的责任和在各自区域内的管辖权还未被有效界定。

菲律宾《渔业法》还建立了在制定和执行菲律宾渔业法规方面的磋商和协调机制——城市 / 直辖市渔业和水产资源管理委员会（City/Municipal Fisheries and Aquatic Resources Management Council，C/MFARMC）。C/MFARMC 是由市政府、私营单位、民间人士、当地渔民和人民团体代表组成的一个咨询机构。其职能是协助城市渔业发展规划的制定；就控制渔业发展的监管措施提供相关建议；确定适当的渔业捕捞许可费；确定当地的休渔期；在地方海域内授权商业捕鱼，建立渔业涵养保护区等问题上提供建议。农业部—渔业和水产资源局被指定在 C/MFARMC 的建立方面提供援助。

菲律宾《渔业法》的一个重要特征是鼓励商业性捕鱼活动。对于国内捕捞作业，《渔业法》对促进地方渔业（使用总吨位为 3 吨或更少的船只）和小规模的商业渔业（3.1 吨至 20 吨）做了规定。为了维护当地注册渔民的优先权并规范渔业准入制度，《渔业法》要求地方政府机构需要建立和维持渔民和渔船注册制度，提出通过将政府现有融资机构的信贷额度分配给渔民，从而达到发展基础设施建设和市场推广的目的。该法还通过激励机制鼓励大型商业捕鱼，比如为船只和设备购置提供长期贷款，以及各种税收激励计划，从而从制度和经济两方面对商业性捕鱼活动进行鼓励和支持。《渔业法》还特别介绍了在地方水域和专属经济区外，管理和促进商业性捕鱼活动的问题。对于菲律宾商业渔船在专属经济区外国际水域进行捕捞作业，《渔业法》规定在国际海域捕到的鱼将被与在菲律宾海域捕到的鱼一样对待，不会征收进口和其他关税，这实际上是鼓励菲律宾渔民到国际海域和公海进行捕捞作业。此外，《渔业法》明确规定限制措施，具体见表 4–4。

表 4–4　菲律宾《渔业法》相关规定

管理项目	《渔业法》规定	内容
技术限制		
渔网限制	第八十九条	规定最低渔网网格
工具限制	第九十条	禁止在都市水域内使用主动式捕鱼工具
工具限制	第九十二条	禁止在沿海或保护区内，使用鱼藤精或是其他破坏性的捕鱼方式
工具限制	第九十三条	禁止使用强光捕鱼
空间限制		
区域封闭	第九十五条	禁止在过度捕鱼区域内捕鱼
区域封闭	第九十六条	禁止在渔业保护区内捕鱼
时间限制	第九十五条	禁止在休渔季节期间捕鱼
其他	第九十八条	

表 4–5　菲律宾的海洋管理机关

<table>
<tr><th colspan="2">部门</th><th>功能</th></tr>
<tr><td rowspan="5">政府部门</td><td>环境和自然资源部</td><td>管理菲律宾环境及自然资源的主要机关</td></tr>
<tr><td>外交部</td><td>制定海洋相关政策</td></tr>
<tr><td>交通部</td><td>相关的部门：菲律宾岸防局、菲律宾港务局、宿务港管局、海洋事业管理局等</td></tr>
<tr><td>国防部—海军</td><td>进行海军执法作业，确保航行安全</td></tr>
<tr><td>农业部—渔业和水产资源局</td><td>负责制定全面的国家渔业发展计划，以及建立渔业资讯系统，核发商业渔业捕捞许可证</td></tr>
</table>

续表

部门		功能
法定组织	海洋事业管理局	隶属交通部，为主要的海洋政策制定部门
	菲律宾岸防局	隶属交通部，维持海上秩序
	国家经济发展局	负责为国家制定经济政策的独立机构，负责进行各种国家社会经济整合的计划
协调组织	海事与海洋事务中心	其功能类似外交部，负责海事及外交事务。促进国家海事能力以及制度的发展，包括人力资源以及海洋资源
	国家农渔业委员会	负责农渔业部门的协调，以及协助农渔业现代化
	国安会	国安会负责制定与国家安全相关的政策。总统为其主席，总统可指派副总统、外交部长、国防部长、法务部长等部长为其成员

资料来源：http://www.apec-oceans.org/economy%20profile%20summaries/philippines-approved. pdf.

（6）打击非法捕捞的法律和政策。

有关打击非法捕捞的政策，大体上可以分为三类：宪法、国家法律、行政条例。1987 年菲律宾《宪法》承诺国家将保护群岛水域内的海洋资源财富、领海和经济区。受《宪法》保护的渔业资源将供菲律宾公民拥有和分享。国家还将保护区域扩展到渔民赖以生计的离岸捕鱼区域以抵制外国非法捕捞。

有关外国渔民非法捕捞的处理的法律主要是 1998 年菲律宾《渔业法》。《渔业法》覆盖菲律宾所有水域、国家专属经济区和大陆架。1978 年 1599 号菲律宾文件才建立专属经济区。1599 号文件第一部分，建立基于领海基线的 200 海里的专属经济区。在专属经济区内，菲律宾拥有勘探、保护、利用以及海床有生命和无生命力的资源的开发等绝对权利。

作为主要的执行法律，8550 号法案第 87 部分讨论了非法捕捞问题，指出，任何外国人、企业或实体在菲律宾水域捕鱼或渔船在菲律宾水域作业都是违反法律的。任何外国渔船进入菲律宾水域都将构成在菲律宾领海从事捕鱼作业的主要证据。违反上述规定，将罚款 10 万美元和没收渔获以及捕鱼设备和渔船。另渔民所属单位还将受到不低于 5 万美元的罚款，不高于 20 万美元或菲律宾同价值的货币罚款。

菲律宾管理条例 200 号为《渔业法》有关管理非法捕捞的执行提供大纲和程序手册。在这里非法捕捞可操作性地定义为“捕鱼或操作渔船，外国公民、实体或企业的犯罪；不包括外国公民在休闲水域活动或垂钓。主要的假设推定来自当渔船在某种情形下进入菲律宾水域”。这些包括以不规则的轨迹或路线航行，无事先通告；来自当局的明示；以并没有载有无辜乘客的客轮方式航行；传统路线以外航行；有确定的捕鱼证据；不挂本国国旗等。

作为政府回应，依据1981年658号执行令，菲律宾成立地区非法捕捞委员会。依据1995年236号执行令，菲律宾成立一个由13个成员组成的统筹委员会。外交部部长作为委员会主席，法院、国防部、内政部和当地政府相关人员作为委员会副主席。

2008年，菲律宾农业部—渔业和水产资源局在保护鱼类方面实施了Panukat Isda和Punoko，Sagip Buhay Mo两项政策措施。Panukat Isda也被称为“鱼管员”，他们教育公众关于捕捞和消费鱼苗的恶劣影响，这些影响将导致该国鱼类资源的快速耗尽。Puno，Sagip Buhay Mo是一个全国性的造林计划。这是一个植树计划，在BFAR与全国渔民组织Pampano和一些地方政府单位的合作下实行，旨在种植至少600万红树林幼苗，恢复重点海岸和水域的状态。这些举措旨在提高公众的认识和理解，努力来维持发展和保护国家渔业，为超过100万的渔民和他们的家人提供就业和生计。实施这些措施是为了减缓环境变化、过度捕捞和非法捕捞对渔业资源的不良影响。

（7）其他海洋法律。

除了《宪法》的引导作用、《地方政府法》发挥的推进作用、《渔业法》发挥的主体作用，菲律宾在海洋管理方面针对不同的领域还颁布了众多相关法律。尤其是在20世纪末至21世纪初，菲律宾陆续出台了各种专门性法律，为其海洋战略有效实施提供了重要的法律保障。①

从特征上看，各个相关的子法律可以分为两类：一类是以促进沿海资源的开发和利用为主要目的的法律法规，如《石油法》（*Petroleum Act*）、《农业和渔业现代化法案》（*Agriculture and Fisheries Modernization Act*，AMFA）和《旅游法》（*The Tourism Act of 2009*）；一类是以生态环境保护和管理为主要目的的相关法律，如《国家综合保护区系统法案》（*National Integrated Protected Areas System Act of 1992*）、《环境法》（*Philippine Environment Code*）、《野生动物资源保育和保护法案》（*Wildlife Resources Conservation and Protection*

① 雷小华，黄志勇．菲律宾海洋管理制度研究及评析[J]．东南亚研究，2014（1）：64–72.

Act）、《预防海洋污染法令》（*Marine Pollution Decree*）、《有毒物质和危险品及核废物控制法案》（1990年）（*Toxic Substances and Hazardous and Nuclear Wastes Control Act of 1990*）等。这两类法律相辅相成，保障了菲律宾在现代化过程中既实现了经济发展，又避免了海洋生态环境的过度破坏。[①]

表4-6　菲律宾与海洋渔业相关的主要法律一览表

法律	内容
《渔业法》	整合渔业相关规定，提供渔业发展、管理、保障以及促进渔业资源利用的措施
《农渔业现代化法案》	提出促进农渔业现代化的措施
《野生动物资源保育和保护法案》	保护野生动物及栖息地，促进生态环境的平衡以及生物的多样性
《国家综合保护区系统法案》	提供一个环境保护的框架，确保生物多样性
《环境法》	提供处理各种环境的基础，包括空气、水以及土地的使用
《预防海洋污染法令》	宣示预防将垃圾物倒入海洋的国家政策
《有毒物质和危险品及核废料控制法案》	规定有毒物、危险物以及核废料储存、输入以及通过菲律宾海域的法令
《商业海洋执业规范法》	促进海上人民以及财产的安全，防止海洋污染

（8）其他海洋政策。

其他还有一些和海洋发展相关，或者涉及具体的海洋区域和领域的海洋政策，它们是根据第一类国家综合性海洋战略制定的具体政策，其指导原则与第一类保持一致，内容上注意具体落实菲律宾海洋大战略的基本政策目标，这些政策对于我们理解菲律宾的海洋战略同样重要。比如菲律宾《渔业资源管理规划》《沿海环境规划》《国家海事安全规划》《生物多样性战略》等。[②]

菲律宾《环境政策》对海洋资源开发与利用中的环境保护问题非常重视，

① 雷小华，黄志勇．菲律宾海洋管理制度研究及评析[J]. 东南亚研究，2014（1）：64–72.

② 雷小华，黄志勇．菲律宾海洋管理制度研究及评析[J]. 东南亚研究，2014（1）：64–72.

做了详细的政策规定[①]。《生物多样性战略》主要用来解决和生物多样性保护相关的问题，涉及了菲律宾海洋资源和海洋环境的可持续利用和发展问题[②]。《渔业资源管理规划》的一个长期目标是减少菲律宾渔业社区的贫困率，实现渔业部门的可持续发展。《沿海环境规划》整合了涉及沿海环境的方案、项目和相关措施，主要目的是在全国沿海地区以社区为基础促进资源的可持续利用。《东亚海域海洋污染预防管理区域方案》主要目的是加强参与国政府的能力，以减轻来自陆地和海上的海洋污染。《国家海事安全规划》是一个政策草案，它试图巩固与促进海事安全相关的内容，其计划内容体现了菲律宾在海洋安全方面的指导思想和发展方向。《预防和制止海盗及武装劫船国家行动计划》旨在阻止海盗和海上武装抢劫行为，体现了菲律宾国家海洋安全战略方面的思考不断深入。

总体上，自 1994 年《公约》生效后，菲律宾开始重视海洋，发展海洋经济，突出其作为群岛国家特征，尽力维护海洋权益，强调海事和海洋部门在经济发展中的作用。在发展海洋经济中，注意环境保护和生物多样性与经济可持续发展的关系，注意协调各部门参与海洋管理规划和决策。

表 4–7　菲律宾涉及海洋管理的其他海洋政策

政策	说明
《环境政策》	1977 年 6 月 6 日颁布，该政策是菲律宾保护环境方面最重要的政策工具，是菲律宾关于环境问题的国家政策。它是一个具有持续性的国家政策，旨在创建、发展维护和改善人和自然相处的条件，并通过人和自然和谐相处来实现共同繁荣发展。当代人应该向下一代履行自己作为环境的守护人和监护人的义务和责任。它还致力于提高可再生和非再生资源的利用率。作为一个海洋群岛国家，菲律宾环境政策对海洋资源的开发与利用中的环境保护问题非常重视，做了详细而细致的政策规定
《生物多样性战略》	这一政策主要用来解决和生物多样性保护相关的问题，涉及了菲律宾海洋资源和海洋环境的可持续利用和发展问题

① 菲律宾环境政策（PHILIPPINE ENVIRONMENTAL POLICY）[EB/OL]. http://www.lawphil.net/ statutes/presdecs/pd1977/pd_1151_1977.html.

② 菲律宾生物多样性战略（National Biodiversity and Strategy Action Plan）[EB/OL]. http://www.chm.ph/index.php?option=com_content&view=article&id=87:national-biodiversity-and-strategy-action-plan-section-1&catid=35:cbd-national-implementation&Itemid=104.

续表

政策	说明
《渔业资源管理计划》	渔业资源管理计划的整体目标，也是一个长期目标是通过在选定的项目范围降低菲律宾渔业社区的贫困率，实现渔业部门的可持续发展
《沿海环境规划》	本计划整合了涉及沿海环境的方案、项目和相关措施。计划的主要目的是在全国沿海地区以社区为基础促进资源的可持续利用
《东亚海域海洋污染预防管理区域方案》	该计划是联合国计划开发署下属的全球环境基金的一个长期项目，其主要目的是加强参与国政府的能力，以减轻来自陆地和海上的海洋污染
《国家海事安全规划》	这是一个政策草案，试图巩固与促进海事安全相关的内容，其计划内容体现了菲律宾在海洋安全方面的指导思想和发展方向
《预防和制止海盗及武装劫船国家行动计划》	菲律宾作为东南亚的海洋群岛国家，海盗和武装行为对其海上安全影响甚大

（二）菲律宾海洋执法的基本体制与执法力量

1. 建立海洋管理协调委员会

菲律宾先后组建了内阁海洋事务委员会和国家海上安全协调委员会来贯彻实施维护海洋权益，内阁海洋事务委员会主席和副主席分别由外交部秘书、环境和自然资源部秘书担任，成员单位包括司法部、农业部、国防部、贸工部、运输和通信部、科技部、财政部、能源部、劳工和就业部、内务部、预算和管理部、国家安全委员会、国家经济发展署，以及执行秘书处[①]。内阁海洋事务委员会下设海洋事务技术委员会、海洋事务中心，地方政府、国会议员、相关局部门负责为内阁海洋事务委员会提供咨询、建议服务。海洋事务技术委员会下设 5 个专门工作小组，分别为：国家领土和海洋权利工作组、反海盗工作组、合作安排工作组、渔业小组、国家海洋政策小组。这样内阁海洋事务委员会在组织机构设置上充分考虑了海洋事务的复杂性和协调的难度以及技术的专业性，作为协调机构，促成制定了国家海洋政策，推进了海洋管理的协作和一体化，直到 2001 年撤销前，充分发挥了海洋事务协调和专业应对的能力。几年后，重新成立了海洋事务中心和总统办公室直接管辖下的海洋事务委员会。

① 马嬰．试析东盟主要成员国的海洋战略 [J]. 东南亚纵横，2010（9）：11–15.

2. 海洋执法管理的部门与职责[①]

菲律宾负责海洋安全执法的部门主要是国家安全委员会、海岸警卫队、海监中心、国家警察海事处、海关、海军等部门。菲律宾国家安全委员会主要负责制定与国家安全相关的政策，由总统任主席。2011 年新成立的菲律宾国家海监委员会主任即由国家安全委员会的人员当任。2009 年菲律宾颁布《海岸警卫队法》，同时撤销"共和国第 5173 号法案"[②]，成立菲律宾海岸警卫队，为一个独立执法机构，是菲律宾政府的海巡武装力量，隶属运输和通信部，战时受命国防部调遣。近年来，其职能不断被扩大，在海巡任务上会和菲律宾渔业及水产资源局（BFAR）联合执行勤务。根据 2009 年菲律宾《海岸警卫队法》第 3 条，菲律宾海岸警卫队的职责共有 17 项，概括起来主要是海上安全管理、海难搜救、海洋环境保护、海域执法、海上交通管理等。另外，菲律宾海岸警卫队下辖由民间志愿者组成的菲律宾海巡协助队。虽然菲律宾海巡协助队为民间组织，但其以军事结构作为组织方向，如同其他国际民间救援组织一样，执行各种非警务、非军事的支援任务[③]。2011 年，为了应对日益严峻的海上安全挑战，菲律宾总统颁布行政令，成立菲律宾国家海监中心，隶属菲律宾海岸警卫队。[④]

菲律宾国家警察隶属内政暨地区管理部，国家警察下辖的海事处负责菲律宾海岸及内水的执法，但因该单位预算有限，并未配备大型巡逻舰，致使河流、港湾、沿岸等水域事实上仍由海洋防卫署执行巡防、拘捕、驱离、扣押等工作，逮捕的人员及扣押的船只和财物，再转交国家警察海事处收押、监管。海关隶属财政部，下辖 14 个地区办公室，[⑤] 主要负责各港口进出口货物查验，打击走私及各种偷税、漏税等行为。

海军隶属国防部，为一种多功能的海上武装力量，保卫菲律宾国家海域及

① 雷小华，黄志勇．菲律宾海洋管理制度研究及评析 [J]. 东南亚研究，2014（1）：64–72.

② REPUBLIC ACT No.5173 [EB/OL].http://www.lawphil.net/statutes/repacts/ra1967/ra_5173_1967.html.

③ Philippine Coast Auxiliary[EB/OL]. http://www.cpgaux.com/html/about_pcga.html.

④ 雷小华，黄志勇 . 菲律宾海洋管理制度研究及评析 [J]. 东南亚研究，2014（1）：64–72.

⑤ 雷小华，黄志勇 . 菲律宾海洋管理制度研究及评析 [J]. 东南亚研究，2014（1）：64–72.

海岸。海军虽然不负责管辖和管理菲律宾海域和海岸的各项事务，但也不会置身事外，积极协助相关机构执行相关事宜，如走私偷渡、海难救助、海洋环保等。现代化的菲律宾海军已经大大超出传统海军保卫国家海域的功能和角色。[①]

在渔业执法中，菲律宾《渔业法》将渔业执法权授予其他执法单位，包括农业部—渔业和水产资源局、海军、海岸警卫队、国家警察海上指挥部等部门，以及被 BFAR 委托为渔业协管员的地方政府部门执法人员（包括当地官员和政府雇员、镇级官员和渔民组织的成员）。

菲律宾海洋执法管理以海岸警卫队为中心，其他部门协调配合开展相关执法行动。

3. 菲律宾海洋执法管理的衔接运作机制[②]

菲律宾海洋管理部门可以分为两个部分，即国家规划决策部门和海洋管理执法部门。国家层面包含两个系统，一个是最高级的决策系统，这套系统包括总统、国会、内阁等国家最高级立法和行政机构，他们会制定出菲律宾海洋战略的发展方向；另一个是规划系统，包括内阁海洋事务委员会、海洋事务研究共同体以及其他相关国家机构和组织，它们主要负责国家海洋发展规划的制定和管理等相关工作，落实决策系统做出的战略决定。这些部门直接关系海洋和沿海地区的综合管理和可持续发展。

部门层次，主要包括环境和自然资源部、农业部—渔业和水产资源局、菲律宾海岸警卫队等各个对海上和海洋资源进行管理的部门。具体来说，也可以分为两部分，一部分是对海洋的管理，一部分是对岸际的管理。两个部分的主要区别体现在岸际管理主体除了相关的国家政府部门，还包含地方政府部门的大量参与。

1995 年，菲律宾颁布第 201 号行政命令，明确指出，内阁海洋事务委员会的成立是为了解决在海洋部门的所有活动；农业部通过渔业和水产资源局负责管理菲律宾的渔业资源。

2007 年 3 月 27 日，菲律宾时任总统阿罗约颁布第 612 号行政命令，宣布

① 雷小华，黄志勇 . 菲律宾海洋管理制度研究及评析 [J]. 东南亚研究，2014（1）：64–72.

② 雷小华，黄志勇 . 菲律宾海洋管理制度研究及评析 [J]. 东南亚研究，2014（1）：64–72.

对海事和海洋事务中心进行重组，并在总统办公室下成立海事和海洋事务委员会，负责海洋事务。

为了应对日趋严重的海洋安全挑战，2011 年 9 月 6 日，菲律宾时任总统阿基诺颁布第 57 号行政命令，建立菲律宾国家海监制度，包括建立菲律宾国家海监委员会、菲律宾国家海监委员会秘书处、菲律宾国家海监中心，同时，负责协调各部门在海洋事务和海洋安全实践中的合作,从而加强海洋领域政府管理。撤销之前成立的发挥重要作用的海事和海洋事务委员会，其功能和作用被菲律宾国家海监委员会代替。菲律宾国家海监委员会的功能和作用主要是制定海洋战略发展方向和政策、协调各个部门之间的合作。委员会主席为执行秘书长，委员会员包括运输与通信部长、国防部长、外交部长、内务部长、司法部长、能源部长、金融部长、环境与自然资源部长、农业部长等 9 位部长。菲律宾国家海监委员会秘书处主要是为委员会提供技术和管理支持,秘书处设执行主任，人选由委员会任命，对委员会负责。菲律宾国家海监中心是菲律宾国家海监委员会的执行机构，根据委员会的战略方向和政策指引，执行海洋安全实践，业务受菲律宾海岸警卫队领导。从设立的目的、背景及其功能与作用来看，菲律宾海监制度主要是应对日趋严重的安全挑战,包括与邻国的海洋权益争端、海盗、武装抢劫、恐怖主义、跨境犯罪、人口贩卖、毒品和武器走私、大规模杀伤性武器的扩散、非法捕鱼、海上灾难、气候变化、海洋环境恶化等。

5. 菲律宾海洋执法管理体制的基本特征①

菲律宾东濒太平洋，西临南海，南接拉威西海，北为巴士海峡，海岸线总长达 18533 千米，设有 12 个海巡区②、54 个海巡站、190 个海巡分队，其海域执法管理体制基本特征如下：

（1）集中制。菲律宾成立海岸警卫队为专门负责海洋执法单位。

① 雷小华，黄志勇 . 菲律宾海洋管理制度研究及评析 [J]. 东南亚研究，2014（1）：64–72.

② 12 个海巡区分别是：首都区中央吕宋岛海巡区（CGD NCR–CL）、东北吕宋岛海巡区（CGD NELZN）、西北吕宋岛海巡区（CGD NWLZN）、南他加禄海巡区（CGD ST）、比科尔海巡区（CGD BCL）、巴拉望省海巡区（CGD PAL）、东米沙鄢海巡区（CGD EV）、西米沙鄢海巡区（CGD WV）、中米沙鄢海巡区（CGD CV）、北棉兰老海巡区（CGD NM）、东南棉兰老海巡区（CGD SEM）、西南棉兰老海巡区（CGD SWM）。

（2）岸海分立。菲律宾海洋执法由菲律宾海岸警卫队负责，岸际及内水的执法由国家警察海事处负责，但因该单位预算有限，并未配备大型巡逻舰，致使河流、港湾、沿岸等水域事实上仍由海洋防卫署执行巡防、拘捕、驱离、扣押等工作，逮捕的人员及扣押的船只、财物再交由国家警察海事处收押、监管。

（3）三级制文职机关。菲律宾为总统制国家，部会行政首长对总统负责，行政首长由总统任命，菲律宾海岸警卫队隶属运输和通信部，属于三级机关，对外招募大学毕业人才。

（4）民间志愿组织发达。菲律宾海岸警卫队下辖海洋防卫协助队的民间志愿组织，由热心的专业志愿者组成，主旨为协助菲律宾海岸警卫队执行海事法律、维护海域安全、海难搜救、海洋环境保护、青年发展以及人道主义服务。

（5）任务多元化。菲律宾海岸警卫队的职责包含海上安全管理、海域执法、海上交通安全管理、海难搜救、海洋环境保护等，几乎涵盖所有海上相关执法任务。由于菲律宾海岸警卫队隶属运输和通信部，部分交通部管理的事项，菲律宾海岸警卫队亦须执行。

（6）专属航空器。菲律宾海岸警卫队拥有 7 架专属航空器。

（7）与海军、警察互动密切。菲律宾海岸及内水的执法由国家警察海事处负责，菲律宾海岸警卫队负责海岸、内水以外的海域执法。但因海事处预算有限，并未配备大型巡逻舰，无法完成其法定执法事项，必须由海洋防卫署协助才能达成任务。各项海域及海岸事务虽非菲律宾海军职责事项，但是该国海军亦积极协助相关机构执行相关事宜，如走私偷渡、海难救助、海洋环保等。由此可知，为达成国家海域、海岸安全的目标，菲律宾国家警察海事处、海岸警卫队、海军不因非职责事项而置身事外相互支援，彼此互动关系密切。

6. 菲律宾海洋执法管理体制的优势与不足[①]

菲律宾海洋管理体制建立在以海岸警卫队为中心的多部门协调管理行动体制的基础上，这个体制还在逐步完善之中，既有优点，也存在一些问题。

菲律宾海洋执法体制的优势主要有以下几点。

第一，重视海洋管理规划和法律的制定，提供制度保障。菲律宾作为群岛国家，十分重视海洋管理政策和法律的制定。菲律宾的海洋政策既有宏观方面

① 雷小华，黄志勇．菲律宾海洋管理制度研究及评析 [J]. 东南亚研究，2014（1）：64–72.

的如菲律宾《国家海洋政策》《21 世纪议程》、《2011—2016 年发展规划》等，提出了菲律宾海洋战略的基本原则、主要内容和发展目标等，又在这些宏观政策的指导下制定了一系列的具体领域发展规划、计划，具体落实国家宏观海洋战略政策。

菲律宾十分重视法律的制定和完善。《宪法》《地方政府法》《渔业法》等法律规定了海洋管理的基本战略思路和政策方向。除了《宪法》的引导作用，《地方政府法》发挥的推进作用和《渔业法》发挥的主体作用，菲律宾在海洋管理方面针对不同的领域还颁布了众多相关法律。这些法律虽然在宏观上没有以上三部法律的影响作用大，但是它们的陆续颁布逐渐将其海洋发展的国家意志深入各个领域，反映了菲律宾的海洋管理不断完善和提升的过程。

另外，菲律宾通过立法或者颁布总统令等方式建立海洋协调和执法机构的做法也是一大优点，这为该机构的成立提供了法律依据和政策保障。如《2010 年海洋事务中心条例》（*Maritime and Ocean Affairs Center Act of 2010*）专门列出了其“资金及采购”部分，对海事与海洋事务中心的预算和拨款的来源、应用范围等做了详尽的说明，为其运作提供了牢固的法律基础。海岸警卫队依据 2009 年海岸警卫队法而成立。

综上所述，大量规划和法律的制定为菲律宾海洋管理、开发与保护提供了政策和法律制度依据。

第二，建立称职的行政管理部门，有效维护海洋权益。自从《公约》生效以来，菲律宾就一直存在有一个中央权威机构管理海洋事务，制定海洋政策，协调涉海部门合作。1981 年菲律宾为了落实《公约》内容，成立《公约》内阁海洋事务委员会。此后几经演变发展，就成了 2011 年成立的菲律宾国家海监委员会。应该说在 2010 年菲律宾《海事和海洋事务中心法》颁布后，其海洋协调制度是最完备的，其有领导部门总统办公室下成立的内阁海洋事务委员会，执行机构有外交部下辖机构海事和海洋事务中心来贯彻实施维护海洋权益。内阁海洋事务委员会有独立的编制和经费预算，可以保证其日常运营。

其他协调机构还有菲律宾国家安全委员会，主要负责制定与国家安全相关的政策，由总统任主席。2011 年新成立的菲律宾国家海监委员会主任即由国安会的人员当任。菲律宾国家农业渔业委员会，主要负责农业渔业部门的协调，以及协助农业渔业现代化。菲律宾城市 / 直辖市渔业和水产资源管理委员会制定和执行菲律宾渔业法规方面的磋商和协调机制。

总之，自《公约》1982年通过以来近40年间，菲律宾始终存在一个协调机构，负责协调海洋事务和制定海洋政策，其做法还是值得借鉴的。

第三，明确海岸警卫队为主要执法机构，提高执法效率。海洋执法方面，菲律宾实施岸海分立制度。2009年颁布的《菲律宾海岸警卫队法》明确规定菲律宾海岸警卫队是海洋主要执法机构，其他部门需要给予支持和合作。菲律宾海岸警卫队在打击贩毒、贩运炸药、枪支走私、人口贩卖、非法捕捞、维护海上运输安全、马拉拉格湾的国际船舶安全航行、马拉帕亚深水天然气能源项目安全等领域成效明显。实践中，菲律宾海岸警卫队与海关和总统反走私行动队联合开展打击走私活动；与缉毒局、武装部队、警察以及国家情报协调局合作开展打击毒品走私；与渔业和水产资源局合作打击非法捕捞；与国家执法协调委员会合作搜集情报等[①]。

为了应对日趋严峻的海洋安全挑战，菲律宾成立了海监中心以负责海洋安全执法，其业务受菲律宾海岸警卫队领导，这其实是在海岸警卫队下单独成立一支维护海洋安全的执法队伍。根据菲律宾总统2011年第57号令，菲律宾海军、海岸警卫队、国家警察海事处、海关、司法局、移民局、投资局、农业部—渔业和水产资源局、跨境犯罪中心等9个执法部门对其给予海事安全与执法操作配合，还要从人力和物力上给予海监中心支持，保证发挥菲律宾海监中心的作用。

而菲律宾海洋执法体制的不足主要有以下几点。

第一，菲律宾的海洋管理机构繁多，政出多门。目前，尽管菲律宾海洋执法管理上已经明确海岸警卫队为主要的海上执法机构，但是连同其在内，依然有12个政府部门直接或间接参与海洋执法。其中，负有直接责任的部门至少有8个。在国家层面海岸资源管理上，总计有16个部门涉及海岸资源管理。参与涉海规划的政府机构和部门至少有20个，他们明确拥有与海洋有关的职责，拥有制定适用于各自领域的规划、政策和制定监管措施的权力，即使是决策系统也涉及众多部门，从总统到立法部门等，每次决策都是一次大博弈的过程。众多涉海部门参与海洋的规划和管理，每个部门势必都会考虑自身利益，从而导致利益纠葛、行政效率低下，甚至导致一些政策胎死腹中和机构的废兴。例如

① CDR TEOTIMO R BORJA JR PCG，Philippine Maritime Security: An Interagency Imperative[EB/OL]. http://www.coastguard.gov.ph/index.php?option=com_content&view=article&id=74&Itemid=80.

菲律宾时任总统阿基诺2011年根据军方倡议组建菲律宾国家海监制度，废除时任菲律宾时任总统阿罗约2007年成立的海事和海洋事务委员会就是例证。①

第二，海洋协调机构废兴频繁，不利于作用的发挥。菲律宾从1981年成立《公约》内阁委员会（Cabinet Committee on the Treaty on the Law of the Sea，CABCOM-LOS），负责落实1982年《公约》的所有内容。该机构事实上承担了在《公约》基础上制定政策和协调部门合作的角色，菲律宾实际上开始拥有了海洋协调机构。但此后直到2011年菲律宾国家海监制度建立的30年间，海洋协调机构经历了5次废兴和沉浮②。

客观地讲，在2011年前菲律宾国家海洋协调机构是趋于逐步完善和调整，外交部在其中的作用和地位逐步增强。起初是扩大《公约》内阁委员会成员由6个增加到12个，将涉海部门都包揽进来，以使政策制定和协调反映国家整体利益。1995年菲律宾颁布第201号行政命令，明确指出：内阁海洋事务委员会的成立是为了解决在海洋部门的所有活动。2007年菲律宾颁布第612号行政命令，宣布重组海事和海洋事务中心并明确指出其隶属外交部，有独立的编制和经费预算，提升外交部在海洋领域的功能和协调作用，并在总统办公室下组建海事和海洋事务委员会，由一名委员任秘书长，律政司和外交部长任副秘书长，其成员包括各个涉海部门，外交部在其中起主导作用，外交部在海洋领域的发言权得到空前提高，海事和海洋事务委员会成为海洋领域的领导机构。2010年，菲律宾颁布《海事与海洋事务中心法》，对其经费和人员进行进一步确认保障，海事与海洋事务中心的协调能力进一步提高。

可是就在2010年刚颁布《海事与海洋事务中心法》不到1年时间，菲律宾就在军方的倡议下成立了菲律宾国家海监制度，废除海事和海洋事务委员会，虽然2011年菲律宾总统57号令规定了菲律宾国家海监委员会为海洋战略方向、政策制定者，负责协调各部门合作。但从海监制度的成立来看，其主要是应对

---

① 雷小华，黄志勇.菲律宾海洋管理制度研究及评析[J].东南亚研究，2014（1）：64-72

② 1981年，菲律宾成立《公约》内阁委员会→1994年，成立内阁海洋事务委员会→1999年，内阁海洋事务委员会秘书处更名为海事和海洋事务中心→2001年，废除内阁海洋事务委员会，升级海事和海洋事务中心→2007年，总统办公室下成立海事和海洋事务委员会→2011年，成立菲律宾国家海监制度，撤销海事和海洋事务委员会。

海洋安全领域的挑战，也没有明确规定领导海事和海洋事务中心业务，况且海监委员会下辖海监秘书处，其职能就是在委员会的领导下具体管理海洋安全事务和制定安全政策。海监委员会由一名执行长为主席，连同外交部和其他各部门为委员会成员，外交部在其中的作用下降，军方作用提升，其作用的发挥还有待观察。①

第三，菲律宾海岸警卫队装备落后，近海远海执法能力都不足。菲律宾岛屿众多，海岸线呈不规则状，有许多海湾、小水湾、内湾，其总海岸线长达18533千米，且其为多岛屿地形，部分岛屿由反政府武装力量占据，海岸线的管理相当复杂，执法任务繁重，执法挑战大，要求执法部门必须配套精干的执法人员和精良的武器与船艇。在岸际执法上，菲律宾由隶属内政暨地区管理部的国家警察海事处负责，配置1218名人员及数十艘小艇，维护18533千米的海岸线、内河、海湾、小岛等复杂区域秩序，海事处人员、装备明显不足，故岸际执法仍需海岸警卫队协助②。海岸警卫队配置3500人，仅配备舰艇68艘，百吨级以上18艘，则显得较少，而且很多是购买的美日旧式船艇，故障频出，维修保养费用高，所以部分任务仍需海军予以协助。而海军面临同样的问题，受国家经济发展的制约，海军雄心勃勃的发展计划受到重挫，海军近年的发展一直较为缓慢。特别是在邻国大力发展海上力量，装备现代化程度不断提高的今天，菲律宾海军的发展明显滞后，其实力在东南亚国家中居于较低的水平。目前，菲律宾海军最先进的舰艇仅是从美国海岸警卫队购买的旧式退役舰艇。③

第四，地方政府能力低下，相互推诿，投融资机制尚未建立。依据菲律宾《地方政府法》《渔业法》，地方政府负责管理沿岸渔业资源。然而，地方政府由于缺乏专业训练人员、组织机构、设备、预算经费等，无法有效管理渔业资源。目前，地方政府渔业管理总体上只充当"救火队员"角色，通常等事态演变到非常严重的地步的时候，事件才会传到相关政府部门委员会，只能被动处理各

① 雷小华，黄志勇．菲律宾海洋管理制度研究及评析 [J]. 东南亚研究，2014（1）：64-72.

② 边子光．各国海域执法制度研究（上册）[M]. 台北：秀威资讯科技股份有限公司，2012：206.

③ 雷小华，黄志勇．菲律宾海洋管理制度研究及评析 [J]. 东南亚研究，2014（1）：64-72.

种突发事件。菲律宾农业部—渔业和水产资源局意识到上述问题的存在，计划为提高地方政府渔业管理成效，制定实施渔业许可制度方案。但是要想取得理想成效，菲律宾还得先解决上述问题才行。①

另外，由于行政分割，地方政府之间缺乏有效的合作，互相推诿或各自为政。菲律宾政府也意识到这些，计划资助成立海湾管理中心来统一协调渔业管理，鼓励地方政府加强合作实现渔业资源共享。但各地方政府在渔业管理制度、渔业捕捞标准等方面差异较大，合作起来难度很大。

1991 年，菲律宾颁布《地方政府法》，菲律宾中央政府逐步将一些管理权力下放，沿海地区管理的责任已经从中央政府过渡给当地政府。1998 年颁布的菲律宾《渔业法》重申指定的市政水域由各个城市、直辖市自己管辖。这些责任涉及菲律宾的 832 个沿海直辖市、57 个沿海城市和 64 个沿海省份。为了有效履行责任，这些地方政府需要制定沿海管理计划和法律制度以提高能力管理渔业资源，防止沿海环境遭到破坏性开发。目前，在菲律宾仍然有数百个沿海城镇和城市尚未建立当地的沿海管理计划以及地方法律，无法有效地保护沿海资源。根据已有资料显示，到 2000 年，只有 50 个沿海城市已经具备了进行有效沿海资源管理的基本要素，如沿海开发区、海洋保护区、登记和许可证制度、沿海执法等。另外，一些海岸资源管理项目严重依赖环境和自然资源部、农业部—渔业和水产资源部提供资金支持，在某些情况下，海岸资源管理项目在项目完成后就已经不能维持了。这主要是因为目前的融资机制尚未建立，或者其不足以维持海岸资源管理的运作。②

7. 对我国加强海洋执法体制改革的启示

尽管菲律宾的海洋管理体制有诸多不足，但其不断进步的趋势对我国海洋管理体制也有不少借鉴意义。

第一，制定海洋基本法律和规划。菲律宾制定有关海洋管理的法律法规比我国更早、更完备。菲律宾渔业管理的第一部法律可以追溯到 1866 年 8 月 6 日，当时西班牙殖民当局颁布了《水域法》，首次对公共水域和公共所有权进行划

---

① 雷小华，黄志勇 . 菲律宾海洋管理制度研究及评析 [J]. 东南亚研究，2014（1）：64–72.

② 雷小华，黄志勇 . 菲律宾海洋管理制度研究及评析 [J]. 东南亚研究，2014（1）：64–72.

分。[①] 涉及海洋渔业方面，能以法律的形式管理的，一律制定法律规范管理。除了菲律宾《渔业法》和《专属经济区法》外，还有《农渔业现代化法案》《商业海洋执业规范法》《地方政府法》《海岸警卫队法》等二十几部法律法规。此外，菲律宾还积极加入《生物多样性公约》《联合国海洋法》《联合国粮农组织渔业行为准则》《卡塔赫纳生物安全议定书》《波恩公约》《濒危野生动植物国际贸易公约》《国际湿地公约》《21 世纪议程》等国际公约。因此，在海洋渔业方面，菲律宾的法律法规比我国更为全面和规范。虽然菲律宾没有完全彻底执行海洋管理法律，但其在海洋管理立法方面对我国来说具有较好的经验，菲律宾每一个海洋管理协调部门和执法部门的成立都是通过立法或者颁布总统令的形式建立的，对其职能、作用、编制和预算等都有详细的规定，在这方面菲律宾的做法是值得我国学习借鉴的。比如 2009 年《海岸警卫队法》、2010 年《海事和海洋事务中心法》详细规定了菲律宾海岸警卫队和海事与海洋事务中心的功能、作用、编制、预算以及其他需要给予配合的部门等。

第二，建立各个涉海部门的协调合作机制。菲律宾国家层面存在 3 个涉海部门的协调合作机制，分别是隶属外交部的海事和海洋事务中心，主要负责海洋政策、外事等领域的协调；菲律宾国家海监委员会，主要负责海洋安全领域；菲律宾国家农业渔业委员会，主要负责农业渔业部门的协调，以及协助农业渔业现代化。借鉴菲律宾海洋管理，我国可建立一个综合性的海洋管理协调委员会，以应对海洋管理的挑战，加强各涉海部门的协调和整合，以形成海洋管理的合力。

第三，加强海洋渔业和海洋执法的国际合作。菲律宾地处东南亚重要航道上，维护海域安全和秩序是菲律宾海洋执法的最重要目的，同时，对菲律宾也是一大挑战。菲律宾深知自己的海洋执法力量较弱，重视加强海洋执法国际合作，菲律宾海岸警卫队和越南海事警察建立热线及沟通机制的谅解备忘录，与日本就海盗问题、海洋安全、人员培训、海上通信系统、执法设备等领域进行合作。菲律宾每年都与相邻国家开展海洋执法行动或演习，尤其是与美国每年都开展针对不同目的的联合演习，这样可以学习美国的先进技术和海洋执法水平，达到维护海域安全和秩序的目的。因此，建议我国也要加强与周边国家的海洋管理和海洋执法方面的行动或演习，借此一方面可以学习了解周边国家统一高效的海洋管理、执法体制，另一方面通过海洋执法合作加强双方互信，积累合作

① 菲律宾渔业法 [EB/OL]. http://zh.scribd.com/doc/64659246/Philippine-Fishery-Legislations.

经验，从而为南海争端的解决奠定前期基础。我国与越南在北部湾海域已经开展海上执法合作，今后，可以总结经验，提高合作水平并将这种合作拓展到北部湾口外海域及其他海域。我国与菲律宾设有在南海地区探讨合作的磋商机制，包括渔业合作、海洋环保和建立信任措施三个工作组，三个工作组已经举行过多次工作组会议，达成了一些重要共识。我国执法部门曾经与菲律宾海岸警卫队合作进行联合搜救沙盘演习。我国需继续发挥工作组作用，如果能与菲律宾在维护南海航行安全、环境保护、渔业合作等低功能、低敏感领域达成某种程度的合作，就能为中菲南海领土争端提供友好的政治氛围和合作基础。同时，我们也要加强与马来西亚、印度尼西亚、泰国等国家海上非传统安全领域的合作。

五、杜特尔特执政后菲律宾外交政策新走向与海洋权益维护

杜特尔特总统上任以来，其主导下的菲律宾外交政策强调独立自主，表现为与美国亚太再平衡战略疏远，但总体而言，菲美同盟暂时不会有大变动；与中国和好，搁置分歧，加强双方经济合作关系；巩固和加强对日经贸及防务合作关系。杜特尔特在修补中菲关系及重建互信中发挥了重要作用。

（一）杜特尔特政府时期的外交政策新走向

杜特尔特总统上任后，一直积极推动独立自主的外交政策。美菲同盟关系一方面让菲律宾人民看到了虽然美菲是同盟关系但是菲律宾并没有从美国那里得到足够的尊重，美菲是不对等的同盟关系，另一方面，在长期的同盟关系中，菲律宾并没有从美国那里得到足够的经济利益，菲律宾经济发展近些年一直处于低迷状态，失业率居高不下，菲律宾民众对美国怨声载道。同时，美国总统特朗普上台后，实行“美国优先”的政策，贸易保护主义抬头，使得菲律宾看到更加无法从美国那里得到更多的经济实惠。杜特尔特强力打击毒贩的运动，遭到美国的人权指责，这也让菲律宾政府感到不解。另外，是中国加快推进“一带一路”建设，提倡共商共建共享，大力支持菲律宾打击毒贩，让菲律宾看到了中国是真心实意帮助菲律宾政府的。这种一拉一推两种外力的作用下，菲律宾觉得只有努力实施独立自主的外交政策，才能切实维护菲律宾的国家利益。

（二）杜特尔特政府时期菲美南海合作

菲律宾不愿意卷入中美南海冲突过程中，如果美国执意与中国在南海发生

冲突，菲律宾将保持中立[①]。可以看出，菲律宾政府的真实目的不过是想在中美双方待价而沽。[②]杜特尔特上台后的公开表态表明，他希望淡化与中国在南海的主权争议，而并非放弃这种争议。[③]而他所希望的是将领土争议与经济合作问题区分开来，利用来自中国的经济支持，解决困扰菲律宾已久的基础设施老化失修等问题。随着杜特尔特总统上台，菲美关系一度出现裂痕，甚至连菲美联合军事演习"肩并肩"行动也曾一度遭到暂停，直至特朗普总统上台后，菲美关系有所改善，"肩并肩"行动才得以重新举行[④]。此后2016年9月，杜特尔特总统访问越南时，更指10月4—12日举行的菲美年度两栖登陆演习为其任期内最后一次与美国举行军演。虽然这次军演的规模已经与"肩并肩"行动相比少了很多，人数仅为1900名，其中美军为1500名，菲律宾军队为400名，而"肩并肩"行动双方派出合计为8000名军人参加。谈到终止的原因时，他更指出菲律宾需要发展独立自主平衡务实的外交政策，菲律宾需要与美国建立同盟关系，也需要与俄罗斯和中国建立友好关系[⑤]。2018年2月13日，美国国家情报总监办公室发布的报告更指出杜特尔特总统为东南亚民主的威胁和障碍，随后菲律宾总统发言人哈里·罗克对此进行了严厉驳斥[⑥]。杜特尔特明确指出，没有美国的援助，在中俄的帮助下，菲律宾也有条件生存下去。[⑦]

2020年2月11日，菲律宾参议院罗纳德·德拉罗萨赴美签证争执，终于

① US-China War over South China Sea Reefs Will not Happen, Says Philippines' Defence Secretary[EB/OL].（2017-02-03）http://www.scmp.com/news/china/diplomacy-defence/article/2067821/us-china-war-over-south-china-sea-reefs-will-not-happen.

② 陈庆鸿．菲律宾新总统杜特尔特[J]. 国际研究参考，2016（6）：52-57.

③ Duterte's Hard Choice: Maintain the Alliance With the US or Mend Ties With China[EB/OL].（2017-02-16）http://www.Huffingtonpost.com/Rommel-c-banlaoi/Philippines-china-us-b-10028280 html.

④ 有消息称杜特尔特总统通知国防部长德尔芬·洛伦扎纳菲原计划是不安排2017年菲美"肩并肩"联合演习的，此后，随着菲美关系的改善后才举行。

⑤ Ben Tesiorna. 杜特尔特想终止与美国的军事演习[EB/OL].（2016-09-29）http://cnnphilippines.com/news/2016/09/29/Duterte-last-US-joint-military-exercise.html.

⑥ 菲律宾驳斥美情报机构报告：杜特尔特并非独裁者[EB/OL].（2018-02-23）http://www.cankaoxiaoxi.com/world/20180222/2256301.shtml.

⑦ 杜特尔特．有中俄帮助　菲律宾没有美国也能生存[EB/OL].（2017-02-10）http://world.huanqiu.com/exclusive/2016-10/9613460.html.

引发了菲律宾政府正式向美国发出终止美菲《访问部队协议》（Visiting Forces Agreement，简称 VFA）的照会，按照规定 180 天期满后这个存在了 22 年的军事协议即自动失效。一旦该协议遭到终止，将可能重构亚太地区新秩序，对美国的地位威信、在全球的同盟体系以及“印太战略”实施带来重大冲击，有助于减轻中国在南海争端中面临的美方军事压力，有助于中国冲破美国构筑围堵中国的“第一岛链”，助中国海军走向远洋，切实保护中国海外利益。

1. 菲美双方态度与立场差异巨大

（1）菲律宾终止军事协议意愿坚决但也有顾虑。杜特尔特总统上台执政后奉行独立自主的外交国防政策。特朗普总统上台执政后，对菲律宾奉行“边拉边打”的双面政策，致使菲美关系并无实质改善。杜特尔特总统认为美国干涉菲律宾内政和践踏菲律宾人民尊严，曾数次拒绝美国邀请访美，成为菲律宾独立以来首位至今没有访美的菲律宾总统，甚至还明确表示将缺席 3 月举行的东盟—美国领导人峰会。杜特尔特总统认为菲美间签署的 3 个军事协议对菲都是不公平的，他曾说 1951 年两国签署的《共同防御条约》是冷战的产物，现在已经没有存在的必要，且都是菲律宾参与美国军事行动，给菲律宾徒添负担。他指责两国签署的《访问部队协议》，事实上让美军享受法外治权，对菲律宾造成不公；认为 2014 年两国签署为期 10 年的《加强防御合作协议》（*Enhanced Defense Cooperation Agreement*，简称 EDCA），美国使用了菲律宾军事基地，却留给菲律宾“老旧”武器。总体来看，菲律宾特别是杜特尔特总统终止军事协议的意愿坚决，也得到菲律宾各界的支持，但菲律宾内部也有自己的顾虑，归纳起来主要是担心动摇菲美同盟关系、影响菲美经贸关系以及军事援助的减少，担忧菲律宾国内安全局势再度恶化。

（2）美国表面不在乎但不会轻易放弃美菲军事协议。针对菲律宾终止美菲军事协议，美国总统特朗普的回应属意料之中，这与其个人风格一脉相承。关于国土安全，特朗普强调边境安全而不是发挥美国海外军事基地作用加强前沿防御和威慑。对待盟国态度，特朗普总统不是强调保护盟国而是公开批评盟国，并要求他们履行更多的义务。对此，特朗普回应称“这很好，可以为美国省下很多钱”。但美国国防部长埃斯珀却称“对这一决定遗憾，是向错误方向迈出的一步”，美国驻菲律宾大使馆也称“这是具有重大影响的一个严重举措”。因为美国鹰派主张对抗中国，亚洲才是美国主要军事战场，欧洲只是第二战场。上述回应显示出美国虽然表面上不在乎，但在专业层面其实是不舍终止美菲军事协议的，特别是在美国将中国、俄罗斯定位为主要威胁者，一心想要制衡中国的时候，菲律宾被美国视为遏制中国的一个至关重要的前沿，也是其在印太地区的重要枢纽，美菲一旦终止军事协议，美国及时应对东亚不可预知的行动能力将受到限制，美国需要重新调整区域战略，这对美国来说是不可承受之痛。因此，不排除在这180天内，美国会寻求与菲谈判交换利益以换取菲方改变立场。

2. 美国可能采取的措施

（1）支持恐怖势力，搅乱菲律宾国内安全局势。近年来，以IS为主的域外恐怖势力在菲律宾不断渗透升级，菲律宾南部正在成为全球恐怖主义“策源地”之一，对菲律宾的国内安全和稳定造成严重威胁。2017年5月，菲律宾境内效忠IS的“阿布沙耶夫”组织和“穆特组织”相互配合发动了震惊国际社会的马拉维恐袭事件，引发了长达5个月的斗争，造成1200人死亡。2017年10月，马拉维被政府收复后，恐怖主义残余势力仍然存在，他们潜藏在菲律宾南部地区，依旧妄图散布恐怖和制造动乱。如恐怖势力“穆特组织”的成员在政府收复马拉维之前已经逃亡，这些残余部队携带大量现金，目前正在菲律宾南部地区重整、招募新兵，以发动新的袭击。2018年，菲律宾被国际研究机构列为受恐怖主义影响最严重的十大国家之一。2019年年底，菲律宾解除棉兰老岛南部地区戒严后的局势走向还需要观察。“阿布沙耶夫”组织仍在该地区苏鲁省农村地区拥有多个据点，仍联合伊斯兰极端势力在菲律宾不定时发动恐怖袭击和爆炸事件。

因此，不排除美国暗地里通过金钱支持恐怖组织或者释放关押的恐怖分子回到菲律宾再度发动对菲律宾袭击以造成菲律宾国内局势动荡，迫使菲律宾政府转而改变立场或者延期终止军事协议，当然这种可能性比较小，但也不能完全排除。同时，随着菲律宾终止美菲军事协议，美菲军事安全合作和训练的规模和强度都会降低，客观上降低了对恐怖主义的威慑，不排除恐怖主义瞅准时机再度发动吸引眼球的恐袭事件，这种可能性不容小觑。

（2）支持菲律宾反对派，质疑终止决定合法性。美菲军事协议在菲律宾国内具有较大争议。一方面，正如杜特尔特总统所表示的，《访问部队协议》践踏了菲律宾国家主权和人民尊严，但另一发面，该协议对菲律宾获取美方军事援助、提升菲军事和武装安全力量能力、保障菲律宾国内安全局势等具有重要作用。预料菲律宾国内持不同政见者将会对此进行更加激烈的争论，美国可能会支持这些反对派，发起对杜特尔特总统的挑战并施加政治压力。目前，菲律宾参议院已经通过第312号决议，重申参议院在终止国际条约中拥有发言权，议长苏道已经邀请不同政治派别的参议员着手向菲律宾最高法院起草请愿书，质疑总统终止美菲军事协议的合法性，并要求征得参议院同意。同时，鉴于美菲军方间历来的亲密关系以及终止军事协议可能会给年内300余项军事合作活动带来限制和不便，美国可能会支持菲律宾军方发起对杜特尔特总统的游说以促使其改变立场。

（3）重搅南海局势，渲染“中国威胁论”。受“家族政治”影响，菲律宾国内党派林立，不同利益集团间的利益争夺此起彼伏、错综复杂，南海问题更是成了彼此斗争博弈的焦点。杜特尔特总统上台后，中菲南海争议虽得到搁置，但在菲律宾炒作南海议题仍能得到众多舆论支持，美国可借机对杜特尔特总统施加政治压力以迫使其改变军事协议态度。如美国可支持菲律宾国内反对派以维护“领土主权”和“海上权益”为由，指责杜特尔特在油气开发合作等议题上“出卖”国家利益；可大肆炒作中国在南海岛礁建设“军事基地”、部署“军事设施”、开展“军事活动”对菲律宾安全构成威胁，质疑杜特尔特“无能”和“消极应对”；可大肆炒作中国渔船或者执法船侵犯菲律宾声称的专属经济区或者非法捕捞等问题以激起菲律宾民众民族主义情绪等。

（4）加强与菲律宾谈判，交换利益换取妥协。尽管杜特尔特总统坚定地表示菲美不再就《访问部队协议》进行谈判，特朗普总统也表示认同，但并不一定意味着双方就完全放任事态发展。考虑到联盟体系对美国全球战略的重要性，美国有可能会寻找机会与菲律宾进行直接谈判或通过新加坡、越南、日本等第三国斡旋形式就菲律宾关切的议题进行适当妥协，以换取菲律宾撤销终止军事协议或者延迟终止的日期。原定计划在4月举行的美菲双边战略对话可能是直接谈判的好机会，美方可能会考虑给予事件的直接导火索前警察总长罗纳德·德拉罗萨参议员的赴美签字许可以及许诺尊重菲律宾国家主权，减少对菲律宾内政的干预，包括不再坚持要求释放参议员黎·利玛等人，不再制裁涉黎·利玛案的相关官员，包括给予赴美签证等，许诺减少盟国体系中菲律宾承担的义务，减少菲律宾派遣部队参与美国海外军事行动等，当然事态的发展需要进一步观察确定。

3. 中国可考虑采取的行动与举措

中菲关系转圜已经三年，双方不仅是睦邻友好的兄弟、相互信任的朋友，更是携手发展的伙伴，在全国战胜新冠肺炎疫情就要出现曙光的时候，我国需要抽出部分精力，采取积极行动与举措，推动中菲关系再上新台阶，以应对美菲解除军事协议带来的地区安全形势变化。

（1）拓展在菲人脉网络，巩固增强友华力量。继续加大与菲律宾各界的交往，广泛积攒人脉网络，巩固壮大菲律宾对华友好统一战线。积极争取菲律宾国家武装力量和军方对终止美菲军事协议的理解。加强中菲禁毒和反恐合作，加强中菲防务合作，给予菲律宾军方更多援助，支持菲律宾反对美国干涉菲律宾内政以及杜特尔特总统争取国家主权和人民尊严的努力，积极争取菲律宾军方和国家安全执法力量对终止美菲军事协议的理解和支持。进一步支持杜特尔特总统加强反腐、强力禁毒等工作，进而逐步削弱阿基诺三世时期的内阁成员、参议院反对派、在野党以及极端民族主义者等涉腐、涉毒、亲美力量的势力和影响力。

（2）加强与菲安全合作，稳定菲律宾国内安全局势。首先，巩固禁毒合作成果，推动合作深入发展。毒品犯罪是影响菲律宾社会秩序的一大毒瘤，民众缉毒呼声很高。打击毒品犯罪是杜特尔特总统的施政重点，也因此获得高支持率。自 2000 年以来，中菲就积极开展国际禁毒合作，双方在情报共享、调查取证、执法合作、人员培训等方面取得显著成效。下一步中方应在巩固禁毒成效的基础上，更加重视建立两国间快捷、通畅、务实的禁毒合作机制，继续探索、创新禁毒深度合作模式；重视完善两国情报交流、共同行动、办案程序交流等合作；条件成熟时，推进中方执法人员进驻菲律宾境内开展联合缉毒行动，进一步提升缉毒成效。加强对涉毒人员的人文关爱，继续支持菲律宾戒毒治疗及康复中心的建设和运营指导。加强减贫合作，降低菲律宾社会贫困率，消灭毒品泛滥的根本源头。此外，中方还需要在国际社会给予菲律宾禁毒行动以坚定支持，加强舆论声援，以减少国际社会对菲律宾禁毒工作的误解。

其次，进一步加强反恐合作，稳定菲律宾国内安全局势。中国给予菲律宾反恐事业大量的武器装备和物资援助并在战后重建当中给予了必要帮助，构建了反恐合作的 1.0 版。下一步应加快构建反恐合作 2.0 版，针对菲律宾恐怖残余势力仍在南部存在，加快建立中菲反恐合作机制或在中国—东盟东部增长区合作中构建反恐合作机制，定期召开反恐情报交流会，加强反恐形势研判、情报共享、反恐能力建设、联合反恐训练、人员教育与培训等方面相互支持，坚决杜绝恐怖分子发动大规模恐袭，降低社会动荡风险。针对恐怖主义发展新态势，加强制定或演练应对城市大规模恐袭、域内外恐袭联动、网络恐怖主义等新型恐怖主义的方案。针对赴菲投资激增，加强对菲投资实体、大型基础设施建设项目的安保工作，加强在菲企业和人员的安全风险预警教育等。

（3）加强与菲军事合作，应对美军撤退后的影响。首先，加强军政高层对话，构建安全合作机制。加强军政高层对话，提高战略互信，在中菲海上合作机制基础上适时建立中菲双边外长与防长"2+2"战略对话机制，就双边安全合作内容达成战略共识。适时签署中菲安全合作相关协议，构建对菲安全合作的基本框架，内容包括军援、军售、安全执法合作、军事训练与教育等。推进中菲民间交往，巩固中菲民意基础，时机成熟时努力签署中菲《来访部队协议》以推动中菲开展联合军演。

其次，扩大对菲军事援助，提升菲律宾武装力量水平。中菲虽存在南海争端，但从长远来看，加强对菲军事援助与维护我国海洋权益并不矛盾。中方在菲律宾马拉维恐袭事件中给予了菲方大量军事援助，受到菲律宾国内好评，建议中国可继续抓住机遇，联合俄罗斯或者单独扩大对菲军售，提高对菲军事援助，援助的方式包括直接给予资金和物资援助、给予军事教育与培训以及联合军演等，以填补美军援缺口，帮助菲律宾完善国家安全体系，提升菲律宾武装力量现代化水平，进而巩固菲律宾国内安全局势和应对外来威胁挑战。

（4）管控南海局势，避免南海成为舆论焦点。首先，有效管控南海舆论。积极推动菲律宾政府加强对涉南海议题新闻媒体的管控，加强对南海议题不实报道媒体的打击和问责，加强中菲友好正能量宣传。加强中菲油气资源共同开发的谈判和舆论引导，"搁置争议、稳妥开发、妥善推进"，避免盲目加快考虑不周而再次成为菲律宾国内反对派炒作南海议题的焦点，避免海上冲突再次引发舆论。海上渔业冲突不可避免，关键是要加强政府干预，减少冲突频率以及稳妥处理发生的冲突，避免海上渔业冲突引爆两国舆论。加强南海岛礁设施的民用开放，妥善进行南海岛礁建设和军事部署。

其次，加快《南海行为准则》谈判。"解铃还需系铃人"，依靠舆论管控并不是解决南海争端的长久之计。从根本上来说，需要共同加快《南海行为准则》谈判，加快制定维护南海和平稳定的地区规则。建议中国推动菲律宾和其他东盟国家一道，正视南海争端的复杂性，保持定力、最大限度排除域外因素的干扰，力争 2021 年底前如期完成《南海行为准则》磋商，让"准则"切实发挥南海稳定器的作用，以减轻菲律宾及其他与我国存在南海争议国家对外部安全的担忧，以塑造南海地区和平稳定的环境。

（三）杜特尔特政府时期中菲南海合作

菲律宾在南海问题上对华的强硬姿态在杜特尔特上台后发生了明显的变化，2016 年 7 月，杜特尔特总统在南部省份讲话中提出，他将按照前总统拉莫斯的建议，搁置仲裁庭裁决和与中国进行双边对话[①]。随着中菲友好关系的全面恢复，菲律宾外长亚赛（Yasai）提出希望中国能同意签订关于菲律宾渔民在争议海域享有捕鱼权的临时协议直到两国提出永久解决方案的提议，相信也会有妥善解决。鉴于中菲友好关系的全面恢复和杜特尔特总统的关切，随后，中方在黄岩岛海域也做出妥善安排，允许菲律宾渔民在该海域捕鱼[②]。

2016 年 10 月 18—21 日，杜特尔特总统访问北京时，中菲双方领导人同意将南海问题的磋商进行机制化，确定建立南海问题双边磋商机制[③]。2017 年 1 月，中菲举行第二十次外交磋商时决定建立南海问题双边磋商机制，约定每 6 个月或者有必要时举行一次磋商会[④]。为贯彻落实双方领导人达成的共识，2017 年 5 月 20 日，中菲南海问题双边磋商机制第一次会议在中国贵阳成功举行，标志着中菲南海问题双边磋商机制正式启动。本次会议双方重申了建立该机制的必要性和重要意义，表示愿意积极利用该平台提升双方互信和加强协作；继续重申双方领导人在南海问题上达成的重要共识外，还探讨了在该合作机制框架下建立渔业、石油与天然气、海洋科学与海洋环境保护、政治安全等四个联合工作组的可能性[⑤]。

2018 年 2 月 13 日，中菲南海问题双边磋商机制第二次会议在马尼拉成功举行。本次会议原定于 2017 年年底举行，延迟 2 个月才举行。从本次会议发表的联合新闻稿来看，总体上延续和继承了双方在南海问题上达成的重要共识，

---

① 总统暗示可以搁置仲裁庭裁决 [N]. 菲律宾商报，2016-07-16. 转引自朱新山 . 菲律宾海洋战略研究 [M]. 北京：时事出版社 2016：142.

② 菲称中国公务船离开黄岩岛水域　中方未证实但称有沟通 [EB/OL].（2016-10-30）http://www.cankaoxiaoxi.com/china/20161030/1384658.shtml.

③ 新华社 . 中华人民共和国与菲律宾共和国联合声明 [EB/OL].http://www.xinhuanet.com/world/2016-10/21/c_1119763493.htm.

④ 中华人民共和国外交部 . 中菲举行第 20 次外交磋商 [EB/OL].http://www.fmprc.gov.cn/web/wjbxw_673019/t1431646.shtml.

⑤ 新华社 . 中国—菲律宾南海问题双边磋商机制第一次会议联合新闻稿 [EB/OL].（2017-05-19）http://www.xinhuanet.com/world/2017-05/19/c_1121004494.htm.

包括双方重申南海问题不是中菲关系的全部，以协商的方式和平解决争端等，相对新的进展是四个技术工作组确定了若干可能的合作倡议[①]。四个技术联合工作组是在第一次会议上探讨提出来的，距第二次会议仅半年时间，四个技术工作组已经建立并提出了许多可能的合作倡议。当然，石油和天然气开发合作尤其引人注目，因为在阿罗约任总统期间，2005年，中菲越三国曾经签署了《联合海洋地震工作协议》，在三方同意的14.3万平方千米范围内进行勘探，但在菲律宾国内该协议被指违宪而终止[②]。为了吸取此次事件的教训，菲律宾杜特尔特政府在联合开发石油天然气一事上相对谨慎。菲律宾总统府发言人指与中国开展石油合作，只局限于中国公司，而不是中国政府合作。目前，双方仍停留在对石油天然气的联合勘探的探讨上，还远未到联合开发的阶段。尽管社会各界被双方达成联合勘探的共识和成立一个石油天然气联合工作组的消息所振奋，包括股票市场上都清晰地反映出来，在南海有石油天然气相关业务的公司股票大涨[③]，但要真正达到联合开发，还至少需要满足三个条件：一是菲律宾法律做出适当修改，允许在争议海域进行国际联合开发油气资源；二是争议海域具有联合开发的商业价值；三是技术上不能污染海洋环境。中菲石油勘探能否取得实质性进展，比较乐观的理由是这是双方互利共赢的合作。一是菲律宾国家马兰帕亚天然气田2014年后储备逐渐减少，菲律宾可以借此减少对石油的进口依赖，节约有限的外汇储备，因为菲律宾是纯进口国家，消耗了国家大量外汇[④]；二是中菲可以开展可持续性能源的合作，双方可以此为契机探讨更多能源领域的合作，因为菲律宾的绿色能源资源非常丰富，可是菲律宾没有技术和资金开发绿色能源；三是双方之间合作努力解决两国之间宪法和法律存在的障碍，

---

① 菲律宾外交部．中菲南海问题双边磋商机制第二次会议联合新闻稿[EB/OL].https://dfa.gov.ph/dfa-news/dfa-releasesupdate/15562-second-meeting-of-the-philippines-china-bilateral-consultation-mechanism-on-the-south-china-sea.

② 中华人民共和国外交部．外交部条约法律司司长谈外交中的海洋工作[EB/OL].http://austriaembassy.fmprc.gov.cn/web/wjbxw_673019/t255507.shtml.

③ 相关公司有3个，分别为PXP能源公司，拥有巴拉望省西北75号服务合同50%的股份；Atok公司和Apex公司，分别拥有伦敦上市的Forum公司的20%和30%的股份，而Forum公司拥有Recto Bank 72号服务合同以及Sampaguita天然气田70%的股份。

④ 菲主要气田面临枯竭　拟从日购[EB/OL]. 菲华网，网址：https://www.phhua.com/news/28060.html.

以使合作顺利进行，通过磋商找出双方都可以接受的合作方式和机制。

面对中菲在南海问题上的磋商的积极进展，西方和菲律宾国内的一些批评者却进行了质疑。面对质疑，杜特尔特政府辩论称，菲律宾维护南海问题合法权益，在主权问题上从未退让，只是菲律宾维护主权权益的方式发生了变化，由阿基诺政府时期的极端和挑头的方式转为温和和协商谈判的方式，南海问题上凡是有损菲律宾主权利益的行为菲律宾都会提出抗议，事实上也的确如此[①]。

（四）杜特尔特政府时期菲日南海合作

2016 年 9 月 6 日，杜特尔特在东盟峰会期间与日本首相安倍晋三进行了会晤，对双边合作达成了广泛的重要共识，安倍晋三称日本已做好“在更广泛的领域发展合作的”准备。同日，日本宣布将为菲律宾提供贷款购买两艘“大型巡逻舰”。2016 年 10 月 25 日至 27 日，日菲两国邦交正常化 60 周年之际，菲律宾总统杜特尔特对日本进行了首次工作访问。双方共同签署了军事和经济协议，菲日军事合作的力度都在加大。此前，日本与时任阿基诺政府的防务合作逐步落实，日本向菲律宾提供的巡逻船陆续交付给菲律宾。

在南海争议问题上，杜特尔特继续采取模糊战术。访日期间，一方面他表示与中国修补关系，通过友好协商来解决争端，另一方面也表示期待日本继续为南海地区稳定贡献力量。这种模糊看似矛盾的表示，其实是想为菲律宾争取最大的外部力量支持，最大限度地维护菲律宾的海洋权益。

（五）杜特尔特政府时期菲、东盟南海合作

2016 年 9 月，杜特尔特在东盟峰会上强调了菲律宾致力于按照国际法和平解决争端。他说：“我呼吁领袖们支持通过以法律为基础的方法，解决海上争端，给南海带来安全及稳定。”2016 年 9 月 9 日，菲律宾总统杜特尔特在雅加达同印度尼西亚时任总统佐科进行双边会谈，双方就维护海上安全和打击毒品等话题进行了讨论。杜特尔特表示，双方就如何合作应对近期频发的海上劫持事件展开了讨论，承诺采取必要措施维护两国间海域的安全。对此，佐科表示了赞赏。

---

① 疑永暑礁军事化　菲将向中国抗议 [EB/OL]. https://www.phhua.com/news/28152.html. 2018 年 2 月 6 日《菲律宾每日询问报》（*Philippine Daily Inquirer*）刊登出多张南海岛礁建设的照片，显示南海岛礁建设接近尾声引发菲律宾国内广泛议论。参见：南海岛礁军事化菲政府无可奈何 [EB/OL]. https://www.phhua.com/news/28429.html.

杜特尔特还呼吁各方尊重法治，并且欢迎伙伴们的支持，以确保地区的安全与稳定，尤其是按照国际法和平解决争端。

总之，在杜特尔特主导下的菲律宾外交政策更加强调菲律宾的独立自主，菲律宾与区域内外大国开展了南海安全合作。但菲律宾与美国的海上军事演习无论是规模还是水平都在下降。菲中南海合作在不断拓展，程度在加深，菲中南海合作前景可待。杜特尔特在修补中菲关系及重建互信中发挥了重要作用，两国的高层交往将有助于促进两国友好合作和地区的和平稳定与发展繁荣。

六、结语

菲律宾有着清晰的海洋战略目标和海洋利益。菲律宾试图在与联合国宪章和地区其他国家目标相一致的情况下维护国家领土完整、开发和保护海域资源、维护生态平衡、维持外部和平，希望充分发挥其连接东南亚和东北亚的主要国际通道优势，大力发展商贸、修造船、航运等海洋产业，从而成为东南亚海洋强国。但这些战略目标和利益极大地受制于地区不断变化的安全环境的影响，包括政治、军事、经济和社会文化因素。菲律宾还试图通过成立海洋协调部门，制定海洋政策、国内立法、武器装备现代化、海洋安全合作等手段来实现其海洋利益。受经济的制约，菲律宾武装部队现代化进展缓慢，菲律宾寄希望于借助外力来实施其海洋战略。

总之，菲律宾海洋战略目标的实现还有很长一段道路要走，仅有强烈的政治意愿还不能实现其战略目标和意图。杜特尔特总统上台后，中菲关系的全面恢复与改善，为中菲海洋合作，和平解决南海争端，建设中国—东盟海洋命运共同体提供了重要机遇和实践。

第五章　印度尼西亚海洋权益维护与海洋执法体制

印度尼西亚是我国重要的海上邻国，其人口众多、地缘位置重要。印度尼西亚与我国不存在南海岛礁主权争议，但在纳土纳群岛海域存在水域重叠。本章试图对印度尼西亚海洋战略、海洋权益维护以及海洋法律和执法体制进行阐述，并评价其优缺点，以有助于我国与印度尼西亚加强深层次海洋合作。

一、印度尼西亚海洋概况与海洋经济

（一）印度尼西亚海洋概况

印度尼西亚共和国位于亚洲东南部，地跨赤道，南北约 2000 千米，东西约 5000 千米，与巴布亚新几内亚、东帝汶、马来西亚接壤，与泰国、新加坡、越南、菲律宾、澳大利亚、印度、帕劳等国隔海相望，中国的南沙群岛与印度尼西亚的纳土纳群岛隔海相邻。印度尼西亚是全世界岛屿最多的国家，全国拥有 17508 个岛屿，其中约有 6000 个岛屿有人居住。主要岛屿包括苏门答腊岛、爪哇岛、苏拉威西岛、加里曼丹岛（婆罗洲）的主要部分以及西巴布亚，陆地面积约为 191.36 万平方千米，海洋面积约 316.6 万平方千米。据印尼官方统计，印度尼西亚石油储量约 97 亿桶（13.1 亿吨），天然气储量 4.8 万亿 ~5.1 万亿立方米，煤炭已探明储量 193 亿吨，潜在储量可达 900 亿吨以上[①]。

印度尼西亚是世界上最大的群岛国家，其海域面积非常广阔，占海陆总面积的三分之二。印度尼西亚的海岸线长达 80791 千米，是世界上海岸线第四长的国家，相应的，群岛内部海域总面积达到 282 万平方千米。

印度尼西亚不但拥有巨大的管辖海域，还有着重要的国际海上航线和四个重要的咽喉要道，即马六甲海峡、巽他海峡、龙目海峡、翁拜海峡等。因此，

① 中国外交部.印度尼西亚国家概况 [EB/OL]. https://www.fmprc.gov.cn/web/gjhdq_676201/gj_676203/yz_676205/1206_677244/1206x0_677246/.

印度尼西亚的海洋管理所面临的不仅是其巨大的面积，还有其背后复杂的地缘政治关系。印度尼西亚主张管辖的主要海峡与海域参见表 5–1。

表 5–1　印度尼西亚主张管辖的海峡与海域

序号	名称	位置	说明
1	马六甲海峡 Strait of Malacca	位于马来半岛与苏门答腊岛之间，连接印度洋之安达曼海和太平洋之中国南海，西岸是印度尼西亚的苏门答腊岛，东岸是西马来西亚和泰国南部	面积 6.4 万平方千米。长约 1080 千米，连同口处的新加坡海峡为 1185 千米。西北宽 370 千米，东南宽 37 千米。海底比较平坦，多泥沙质，水流平缓。水深由北向南、由东向西递减，一般为 25~115 米。处于赤道无风带，全年风平浪静的日子很多
2	塞拉桑海峡 Strait of Serasan	位于纳土纳群岛与加里曼丹岛之间	
3	新加坡海峡 Singapore Strait	位于新加坡岛与印度尼西亚廖内群岛之间，连接马六甲海峡和中国南海	宽约 16 千米，长约 105 千米
4	巽他海峡 Strait of Sunda	爪哇岛与苏门答腊岛之间的狭窄水道，沟通太平洋的爪哇海与印度洋	长约 150 千米，宽 22~110 千米，水深 50~80 米，最大水深 1080 米
5	龙目海峡 Strait of Lombok	连接爪哇海和印度洋，位于巴离岛与龙目岛之间	最窄处 18 千米，最宽 40 千米，总长 60 千米。水深约 250 米，是亚洲与澳大利亚的分界线
6	阿拉斯海峡 AlasStrait	位于龙目岛与松巴岛之间	
7	望加锡海狭 Makassar Strait	加里曼丹与苏拉威西两岛之间，北通苏拉威西海，南接爪哇海与弗洛勒斯海	长约 800 千米，宽 130~370 千米，深水航道，平均水深 967 米，南峡中多珊瑚礁。沿岸渔业发达。世界上有重要军事和经济意义的八大海峡之一
8	马鲁古海峡 Maluku Strait	位于哈马黑拉岛与苏拉威西岛之间，沟通太平洋与马鲁古海	

续表

序号	名称	位置	说明
9	明达威海峡 Mentawai Strait	印度洋水域，苏门答腊岛与明达威群岛之间	
10	卡里马塔海峡 Strait of Karimata	位于苏门答腊岛与加里曼丹岛之间，连接中国南海与爪哇海	宽约 150 千米
12	爪畦海 Java Sea	北邻加里曼丹岛，南邻爪哇岛，西邻苏门答腊岛，东邻苏拉威西岛，西北经卡里马塔海峡连接中国南海	面积约 32 万平方千米，平均水深 50 米，海底发现有石油，重要的捕捞渔场
13	班达海 Banda Sea	南为帝汶岛，东为新几内亚岛，西北为苏拉威西岛，东北为马鲁古群岛	东西约 1000 千米，南北约 500 千米，世界著名深海，最深处达 7 千米以上
14	苏拉威西海 Sulawesi/Celebes Sea	北邻苏录群岛和苏录海及棉兰老岛，东邻加里曼丹岛，南邻苏拉威西岛，并通过望加锡海峡与爪哇海相连	水深约 6.2 千米，南北约 675 千米，东西约 837 千米，面积约 28 万平方千米。渔业资源丰富（金枪鱼、鳐、梭鱼、中上层鱼类）。珊瑚三富，海洋哺乳动物（鲸、海豚），海草
15	阿拉弗拉海 Arafura Sea	位于印度尼西亚、巴布亚新几内亚与澳大利亚之间，东部通过拖雷斯海峡与珊瑚海相连，西部与帝汶海相连，北部与班达海和塞兰海相连	长约 1290 千米，宽约 560 千米，水深约 50~80 米渔业资源丰富，重要的渔场，虾渔业、底拖网渔业。
16	纳土纳海 Natuna Sea	中国南海之西南部分	长约 650 千米，宽 450 千米，面积约 38 万平方千米。南部有邦加岛、金里洞岛、马亚岛、特卢凯尔岛和卡里马塔群岛等
17	马古鲁海 Maluku Sea	苏拉威西岛与北马古鲁群岛之间海域	
18	帝汶海 Timor Sea	北邻帝汶岛，东连阿拉弗拉海，南邻澳大利亚，西连印度洋	约 480 千米宽，面积约 61 万平方千米。最深处为帝汶海槽，达 3300 米，其余海域为浅海，平均不到 200 米

续表

序号	名称	位置	说明
19	塞兰海 Ceram Sea	马鲁古群岛之间海域	面积约 1.2 万平方千米，多礁石
20	萨武海 Savu/Sawu Sea	弗洛勒斯岛、帝汶岛、松巴岛之间海域	水深约 3500 米，东西约 600 千米，南北约 20 千米
21	弗洛勒斯海 Flores Sea	北界苏拉威西岛，南界小巽它群岛，西连爪哇海，东连班达海，西南连萨琥海	约 24 万平方千米
22	苏门答腊岛和爪哇岛印度洋一侧的海域		深水海域。爪哇海沟，位于印度洋东部，答腊岛和爪哇岛西南岸外约 300 千米处。深度为 7729 米，是印度洋的最大深度。
23	马鲁古群岛、伊里安岛东侧之太平洋海域		与帕劳相邻

（二）快速发展海洋经济

印度尼西亚有 60% 的人口居住在海岸地区，而在海洋产业中，渔业作为支柱产业在印度尼西亚社会生活中占有重要地位，这主要体现在维护国家主权、出口创汇、创造就业机会、提供动物蛋白质、保证粮食安全、增加渔民收入、消除贫困等多个方面。印度尼西亚是传统渔业国家，曾经长期以海洋捕捞为主，但近年来，水产养殖发展迅速。2015 年，渔业总产量达到 1050 万吨，其中，水产养殖产量达到 430 万吨。根据世界经济合作与发展组织（OECD）和联合国粮农组织（FAO）预测，到 2020 年，印度尼西亚水产品总量将达到 1150 万吨，水产品养殖产量将超过 500 万吨。

2000—2018 年，渔业对印度尼西亚 GDP 的贡献、鱼类人均消费量、提供的就业岗位、出口和进口水产品的价值都呈上升趋势。其中，鱼类人均消费量由 2000 年的 20.6 千克，上升到 2011 年的 28.9 千克，年均增长 3.1%，2012 年达到 33.8 千克。

表 5-2 中国与东南亚国家水产品产量情况（2003—2014 年） 单位：万吨

	2003—2012 年平均产量	2013 年	2014 年	增长量	增长率
世界总产量	8079	8096	8155	59	0.7
中国	1276	1397	1481	84	6.0
印度尼西亚	475	562	602	39	7.0
越南	199	261	271	10	4.0
缅甸	164	248	270	22	8.8
菲律宾	222	213	213	0.6	0.3
泰国	205	161	156	–5	–3.4
马来西亚	135	148	146	–2	–1.7

资料来源：联合国粮农组织《世界渔业统计 2016》。

印度尼西亚的水产品产量近年来不断增加，1980 年印度尼西亚渔业部门从业人员大约 223.2 万人，渔业产量为 182.7 万吨，渔业进出口价值为 2.3 亿美元；2012 年，印度尼西亚渔业部门从业人员大约 303.1 万人，渔业产量为 888.2 万吨，渔业进出口价值为 2.3 亿美元，年均增长率分别为 0.96%、5.1%，在渔业从业人员增长缓慢的情况下，渔业产量却保持了 5.1% 的年均增长速度。

表 5-3 印度尼西亚捕捞和养殖渔民的数量（1980—2012 年） 单位：万吨

	1980 年	1990 年	2000 年	2010 年	2011 年	2012 年
捕捞产量	164.5	252.3	408	537.5	570.1	581.4
海洋捕捞	139.0	223.0	376.3	503.0	533.3	542.0
内陆捕捞	25.5	29.3	31.8	34.5	37.0	39.4
捕捞业渔民（万人）	138.2	199.5	310.5	262.0	275.5	303.1
海洋捕捞渔民（万人）	97.1	152.4	248.7	216.2	226.5	245.0
淡水捕捞渔民（万人）	41.2	47.1	61.8	45.8	49.0	58.1
水产养殖产量	18.3	50.0	78.9	230.5	271.8	306.8
海水养殖	8.7	28.7	42.5	97.2	99.8	96.6

续表

	1980 年	1990 年	2000 年	2010 年	2011 年	2012 年
淡水池塘养殖	9.5	21.3	36.3	133.3	172.0	210.2
渔业出口值（万美元）	21130	97870	158450	256190	318190	—
渔业进口量（万美元）	1500	4280	9510	31580	40180	—
人均消费量（千克）	12.1	14.9	20.6	27.2	28.9	—

资料来源：Marine and Fisheries Statistics，2012，MMAF。

基于拥有漫长的海岸线、丰富的渔业资源，渔业在印度尼西亚海洋产业中扮演的角色十分重要，构成了印度尼西亚海洋产业的支柱。而其他海洋产业方面，印度尼西亚地处三个板块交界处，其蕴藏的海底油气储量十分可观。但印度尼西亚 1/3 左右的沉积盆地位于深水区，投资成本较高，开发难度大。因此，作为海洋产业的另一大组成部分，印度尼西亚的海洋油气资源开采远不如其陆地油气开采容易，目前海洋油气主要集中于纳土纳群岛以东海域。不过，从总体上看，印度尼西亚的海洋资源丰富，其海洋资源收入约占国内生产总值的 22%[①]。

二、印度尼西亚海洋战略目标

对印度尼西亚来说，自国家独立以来就始终受到国内冲突、国际冲突、非传统安全等三种主要威胁。印度尼西亚的国内冲突包括亚齐、西巴布亚和马鲁古的分裂活动、宗教冲突以及各种政治势力的相互冲突等。海洋战略的目标是维护国家的统一和领土的完整。国际冲突虽然发生的可能性很小，但仍然存在资源安全、边境安全以及来自其他国家侵犯领土完整等威胁，尽管它们不是以军事入侵的方式。另外，印度尼西亚与马来西亚、菲律宾等邻国有领土争端和边界水域划分问题。至于非传统安全活动，印度尼西亚在印度洋和太平洋、亚洲和大洋洲之间，所有东西方向和南北方向的海上交通都经过其水域，海上运输又是开放的，可以从各个方向进入除西巴布亚和北加里曼丹以外的印度尼西亚所有岛屿，很容易成为贩卖毒品、走私武器、非法捕捞、海盗、恐怖主义以

① 林香红，周通，高健 . 印度尼西亚海洋经济研究 [J]. 海洋经济，2014（5）:46–54.

及其他非传统安全和跨国犯罪活动的中转站和目的地[①]。因此，印度尼西亚早在1945制定的《宪法》中就强调运用海权保护国家的统一和领土完整。同时，印度尼西亚非常重视群岛国家的身份。

三、印度尼西亚海洋利益与海洋战略目的

海洋对于印度尼西亚主要有战略安全利益、经济利益两方面体现。战略安全利益主要包括两个方面：一是马六甲海峡安全，二是东盟安全局势。正是由于扼守着极重要的战略通道，外界压力又极易改变自身的海洋地缘安全状况，印度尼西亚一直高度重视马六甲等海峡区域对自己的战略安全利益[②]。对于印度尼西亚来说，海洋的重要性更多体现在海洋资源的开发。印度尼西亚经济发展的两大支柱产业是海洋石油和天然气的生产和出口，印度尼西亚群岛海域还拥有在世界上堪称丰富的海底矿产资源和生物资源。同时，海上航行利益对印度尼西亚也具有十分重要的意义。因此，维护海洋经济资源和海上战略航道的安全就成为印度尼西亚海洋战略和海洋权益维护的主要目的。

四、印度尼西亚海洋权益维护的主要行动与举措

（一）“双轮驱动”的政治外交手段

1. 积极奉行“大国平衡策略”

中、美、日、印等主要大国在东南亚有着错综复杂的关系。印度尼西亚当前主要的任务是发展本国经济，而随着中国经济的迅速发展，印度尼西亚迫切希望从中国发展中获取巨大的经济利益。近年来，中国和印度尼西亚之间的各领域交流合作不断增加，双边贸易额连年攀升，两国关系变得越来越紧密，中国和印度尼西亚战略伙伴关系发展迅速，双方关系已进入全面发展的新阶段[③]。

但随着中国在东南亚地区影响力的日益增强，印度尼西亚作为南海沿海国，也尽力争取域外大国支持，实施“大国平衡”战略。美军从菲律宾苏比克基地

---

① 马嫘．试析东盟主要成员国的海洋战略[J]. 东南亚纵横，2010（9）：11-15.

② 鞠海龙．印度尼西亚海上安全政策及其实践[J]. 世界经济与政治论坛，2011（3）：25—36.

③ 侯林霞．浅论我国周边环境[J]. 新西部（理论版），2012（10）:95-96.

撤出之后，印度尼西亚随即与美国签署协议，允许美军使用印度尼西亚的军事基地设施。美国认为，印度尼西亚对维护美国需要的战略海上通道畅通意义重大，美国前亚太助理国务卿温斯顿·洛德强调，“美国的战略海道通行权绝不能受到威胁”。[①] 洛德还对印度尼西亚的“软安全”作用进行了评价，“对实现美国的地区和全球战略目标而言，印度尼西亚是一支积极的力量”。[②] 随着美国逐渐从阿富汗和伊拉克撤军，美国重新布置其军事力量，加大与东南亚国家的合作，加强东南亚的军事存在，平衡中国对该地区的影响。

印度尼西亚出于自身安全的需要，采取“大国平衡战略”发展与各大国的合作，即在政治方面寻求中国的支持，抵制西方国家的影响；经济方面借助中国迅速发展带来的机遇和中日在东南亚的竞争关系，获取经济利益；在军事和安全保障方面，更多地倚重美国的影响[③]，同时不失时机地加强与印度的合作。

2. 主张通过政治谈判，和平解决争端

印度尼西亚对于南海争端问题的态度日益趋向于和平协商、对话谈判等[④]。印度尼西亚就利吉丹岛和西巴丹岛与马来西亚存在长达 30 年争议后，两国于 1997 年将两岛主权之争提交国际法院裁决。2002 年，国际法院根据“有效控制原则”将利吉丹岛和西巴丹岛判归马来西亚，从而结束两国争议[⑤]。为避免武力相向，印度尼西亚和马来西亚达成协议，同意于 2005 年 3 月在雅加达就双边海域的归属问题进行谈判[⑥]。在马来西亚安巴叻油田归属争议上，印度尼西亚在保持武力对抗的基础上也不失保持政治谈判，目的是在谈判中获得相对较大的收益。在南海争端中，印度尼西亚与中国不存在岛屿主权之争，主张在国际

---

① 刘虎．冷战后美国与印尼的安全合作 [J]. 当代亚太，2003（6）：28-31.

② 即不直接使用美国的军事力量来维护美国的安全利益，参阅 John Bresnan. Indonesia and U S Policy[EB/OL]. http://www.columbia. edu/cu/business/apec/publica/bresnan.pdf.

③ 朱陆民，单琴琴．中国与印尼非传统安全领域合作 [J]. 衡阳师范学院学报，2008（1）：39-41.

④ 冯梁，鞠海龙，龚晓辉．南海周边其他国家态势扫描 [J]. 世界知识，2011（22）：25-26.

⑤ 邵建平，李晨阳．东盟国家处理海域争端的方式及其对解决南海主权争端的启示 [J]. 当代亚太，2010（4）：143-156.

⑥ 史文强．马来西亚海军敲定“追风”级轻护舰 [J]. 现代舰船，2012（5）：32-37.

法框架内和平解决争端。

3. 树立新的安全观，积极参与国际合作

在海军力量建设上，由于冷战的结束和印度尼西亚军费预算严重不足，近几年印度尼西亚军费预算占比不足国内生产总值（GDP）的1%，严重制约了海军的现代化发展。印度尼西亚开始转变传统武装力量对抗的思维，致力于东南亚地区的和平与稳定，提高相互之间的信任，致力于双方信任措施的建立，强调通过海军互访、双边军事演习和训练、联合巡逻、互派高级军官和军事院校学生、举办年度系列边境会议等方式来提高互信。近年印度尼西亚加大了与马来西亚、中国、美国、澳大利亚和印度的合作。

（二）“双轮驱动”的实力手段

实力手段主要包括物质实力与军事实力。物质实力的内涵和外延很广，核心就是通过开发海洋资源，提高经济实力，实现海洋经济利益。主要包括军事现代化、海洋运输、海洋渔业、海洋旅游业等海洋产业的发展等。

1. 加强军事现代化，逐步提升其军队作战能力

长期以来，奉行“逐岛防御”战略的印度尼西亚海军一直处于低速发展之中，其海军兵力部署分散、机动作战能力较弱、舰艇老化程度日益严重。为了改变这一状况，印度尼西亚在20世纪90年代末期提出了“近海防御”海军战略，主张要努力取得关键海域、海岛和有争议地区的控制权，支援和保卫国家海洋资源开发，保障海上航道畅通。近年来其海军正朝着“具有高度机动能力和威慑能力”的方向发展，不断以外购、自制和改进等方式发展海空军武器装备。从国外引进高新武器装备，是印度尼西亚加强武器装备现代化建设的主要措施。

对武器装备进行研制和生产，是印度尼西亚加强装备建设的另一项重要措施。KCR-40导弹艇是印度尼西亚第一艘自主研制的导弹艇，该艇下水是印度尼西亚国防业实现自力更生的进程中的“一座里程碑”。此外，印度尼西亚还对现有武器装备进行现代化改装，力图提高其使用寿命、现代化水平和作战能力。同时，参加多边演习或双边演习、高级军官互访等措施提高实战能力。尽管如此，印度尼西亚经费不足还是严重限制了海军装备现代化进程。

表 5-4　2005—2010 年印度尼西亚国防预算申请与实际批准对照表　单位：万亿印尼盾

年份	2005	2006	2007	2008	2009	2010
申请	45.0	56.9	74.4	100.5	127.1	158.1
批准	23.1	28.2	32.6	32.8	33.6	40.6

资料来源：转引自 Rizal SUKMA. Indonesia's Security Outlook, Defence Policy and Regional Cooperation, p.20.

2. 打击非法捕捞，维护海洋权益

维护国家海洋主权和权益，严厉打击外国非法捕捞是印度尼西亚构建“全球海上支点”的重要内容。印度尼西亚为何不顾邻国的抗议而选一意孤行地严厉打击非法捕捞的主要原因有以下几点：第一，佐科政府无法忍受国家海洋主权遭到邻国肆意侵犯；第二，海洋渔业作为印度尼西亚国民经济的重要组成部分，佐科政府无法忽视印度尼西亚海洋渔业资源的大量流失；第三，印度尼西亚海洋面积庞大，现有的执法能力无法有效管辖和巡逻印度尼西亚海域，采取严厉打击甚至炸毁外国非法捕捞船只，起着“杀鸡儆猴”的威慑作用。上述对维护印度尼西亚海洋权益，保障印度尼西亚领海和管辖区的安全起了重要作用，但也由此引发了系列负面影响。印度尼西亚作为东盟合作和一体化的主要国家，严厉打击非法捕捞的盲目“自信和武断”不仅引发了地区紧张和不安，也影响了东盟地区的团结和一体化进程①。从目前的趋势来看，印度尼西亚似乎下定了决心要继续强硬地执行打击非法捕捞，但打击非法捕捞不是依靠炸沉外国渔船，而是应该依靠提高海上执法队伍的能力和装备②。2017 年，印度尼西亚扣留外国非法捕捞渔船 350 艘，其中炸毁、击沉 127 艘，其余集中在 2018 年炸毁。这种强硬的行为遭到了外国的抗议，引起了双边外交关系的紧张。进入 2018 年后，印度尼西亚政府高层甚至都出现了反对炸毁外国渔船的行为。原因有两个：一是炸毁外国渔船的行为引起了周边国家的强烈抗议和不满，导致外交关系紧张；二是印度尼西亚海洋经济发展的根本在于扩大渔船规模，提高

① 印尼为东南亚地区的大国，目前人口占东南亚地区的一半，GDP 占东南亚地区 40% 左右。

② Prashanth Parameswaran. “Explaining Indonesia's ‘Sink The Vessels’ Policy Under Jokowi”, January 13, 2015[EB/OL]. http://thediplomat.com/2015/01/explaining-indonesias-sink-the-vessels-policy-under-jokowi/.

渔业产量，提升渔业附加值，而不是炸毁外国渔船。即使外国渔船遭到了炸毁，但印度尼西亚本身的渔船数量和捕捞产量仍然不能提升，也不能促进海洋经济的发展。综合以上两点原因，印度尼西亚副总统卡拉已经意识到发展海洋经济才是硬道理，卡拉已经公开反对炸毁外国渔船，认为其有损印度尼西亚的外交关系，被扣留的外国非法捕捞船不仅不能炸毁，而是可以通过处置或者拍卖的方式为印度尼西亚渔业部门所利用[①]。此前，印度尼西亚海洋事务统筹部部长鲁胡特已经要求印度尼西亚海洋渔业部部长苏茜重点抓好渔业生产，提高出口，而不是将主要精力用于炸毁外国渔船和处理外交事务。由此看来，印度尼西亚强硬的海洋渔业政策可能会有所收敛，而将主要精力放在国内渔业生产和加工上。事实上，只要国内渔业产量得到有效提高，渔民收入增加，从事渔业的积极性势必会增加，也就不会给外国非法捕捞船可乘之机。

3. 开发海洋资源，发展海洋产业

印度尼西亚海域油气资源、海洋生物以及旅游资源丰富。同时，处于世界上重要的交通航线，发展海洋交通运输得天独厚。印度尼西亚已全面实施海洋渔业建设纲领，重点发展海洋捕捞业、海洋交通运输业和海洋旅游业。

（1）印度尼西亚油气产业发展前景可观。印度尼西亚政府设有能源和矿产资源部，主要负责制定国家能源规划和政策，监督和管理所有能源和矿产资源相关业务等。能源与矿产资源部下设油气管理局（署），负责监督和管理油气业务，签发各石油公司营业执照，执行安全环境管理细则，编制统计资料，参与上下游政策制定等。虽然尚未见到印度尼西亚国家层面的油气工业战略、规划等发展纲领性文件，但印度尼西亚已加大政策优化力度，已广开了包括立法、中央政府部门、33 个省级政府以及民间协会等对外交流渠道，对话畅通、政策透明，其油气业发展前景可观。印度尼西亚政府加大了油气业招投标力度，斩获颇多。印度尼西亚能源与矿产资源部油气署署长艾菲达（Evita Legowo）2008 年 10 月 18 日在雅加达公布 22 个油气勘探区块拍卖成功消息后透露，“签约仅定金达 4520 万美元，前三年进行油气勘探的资金承诺额达到 3.3 亿美元”。海域成为重要的勘探开发目标，22 块油气勘探区中有 17 个在海上，印度尼西亚中、东部如加里曼丹、纳吐纳、苏拉威西、巴布亚等已经成为勘探开发的重点，望

① 林永传：印尼政府高层为是否停止炸毁“非法”外国渔船起争议 [EB/OL].（2018-01-12）http://www.chinanews.com/gj/2018/01-12/8422035.shtml.

加锡海峡、班达海等局部区块勘探水深超过1000米。[①]

（2）海上与海岛旅游潜力巨大。印度尼西亚是世界上旅游资源最丰富的国家之一，由于海岸线漫长，岛上的旅游资源颇为丰富，尤其以秀丽的热带风光让人难忘。印度尼西亚巴厘岛有“诗之岛”“天堂岛”等美称，这里自然风光引人入胜，是天然的度假胜地。印度尼西亚东部班达海上的小群岛班达群岛，孤处深海，自然风光如诗如画，已被联合国教科文组织列入世界自然遗产名录，是世界少有的休闲旅游的好去处，深受广大游客喜爱。2009年印度尼西亚将东南部萨武海的350万公顷海域划定为海洋公园，这是东南亚地区是最大的海洋公园，到2010年时扩大到1000万公顷，到2020年时再扩大到2000万公顷。

（3）海洋渔业迎来新一轮增长浪潮。印度尼西亚有丰富的渔业资源，印度尼西亚的水产品产量近年来不断增加。作为海洋国家，印度尼西亚计划于2015年成为世界上最大的产鱼国。历史资料显示，2002年印度尼西亚的渔业总产量为552万吨，2010年增长到1085万吨，年平均增长率为8.8%，2011年渔业总产量1226万吨。

佐科总统执政以来，政府开始重新重视印度尼西亚海洋产业的竞争优势，2015年，印度尼西亚渔业开始快速增长。在新一任海事和渔业部长苏茜的管理下，印度尼西亚渔业在2015年第三季度同比增长8.37%，远超全国经济增长率（4.73%）。与2014年同期相比，截至2015年的第三季度，印度尼西亚捕捞渔业增长了5.05%，水产养殖业增长了3.9%。2015年，印度尼西亚在加强对非法捕鱼的打击方面同样取得了令人注目的成绩。海事和渔业部全年击沉非法外国渔船超过117艘。苏茜部长还禁止了1132艘前外国渔船在印度尼西亚海域进行捕鱼作业，这一政策使得印度尼西亚海域的鱼类资源和捕获量大幅增加，并为印度尼西亚如何管理渔业提供了新的范例。

五、印度尼西亚海洋权益维护与海洋执法的法律与体制

印度尼西亚是世界上最大的群岛国，也是最早提出群岛国概念的国家。印度尼西亚参加了第一次联合国海洋法会议，是1958年《日内瓦海洋法公约》的缔约国之一。在第三次联合国海洋法会议上，印度尼西亚坚持群岛国制度并被

---

① 印度尼西亚近期油气资源投资环境及勘探开发状况浅析[EB/OL]. 国际石油网，（2009-06-04）. http://oil.in-en.com/html/oil-365629.shtml.

1982 年《公约》所采纳。印度尼西亚是《公约》的签字国，并于 1986 年 2 月 3 日批准了《公约》，印度尼西亚通过国内立法建立了自己的海洋法律制度。

法律手段主要是用来开发海洋资源和维护海洋权益等方面，包括遵守国际法、国内立法以及根据国际国内法签订条约划分海洋边界等。印度尼西亚的法律体系属于罗马—荷兰民法系统。印度尼西亚于 1998 年后开始实现政治转型，但其海洋管理的相关立法早在 1973 年便已经开始，这些立法规范了印度尼西亚的海洋管理，并塑造了印度尼西亚海洋利益的基本认知和行为规范。特别是 1985 年批准《公约》后，印度尼西亚海洋管理的基本框架与国际社会基本相同。

具体来看，印度尼西亚的海洋立法与政策主要有四类：基本立法、宏观政策、具体政策以及根据国际国内法签订条约划分海洋边界等。这类政策主要有三个目的：规定基本身份、规制行为、促进生产与保护资源。

（一）印度尼西亚海洋权益维护与海洋执法的法规体系

1. 基本立法

在基本规范的界定上，印度尼西亚的海洋立法依托国际法相关原则进行，以界定其基本利益边界，其中包括 1973 年第 1 号《印度尼西亚大陆架法》、1982 年第 20 号《关于印度尼西亚共和国安全防御的主要条文的法令》、1983 年第 5 号《印度尼西亚专属经济区法》、1985 年第 17 号《批准 1982 年 12 月 10 日〈海洋法公约〉的法令》、1996 年第 6 号《印度尼西亚领水法》等。其中最为基础性的是印度尼西亚积极参与了《公约》的制定并通过《批准 1982 年 12 月 10 日〈海洋法公约〉法 17/1985》；批准加入《公约》，这也是国际法律规范扩散的又一个重要形式。此外，作为世界共同体的一员，印度尼西亚加入了多项有关渔业和海洋资源管理的国际条约。印度尼西亚在参与国际海洋问题时，其依托国际法、国际制度的倾向十分显著，与此相关的法律规范更是其常用的手段与基础。目前，尽管印度尼西亚有 40 多部相关的法规涉及开发海洋资源和维护海洋权益，但一些批评家指出，这些法律还远远不够保护印度尼西亚海洋利益，印度尼西亚大约需要 200 部法律才能切实保护其海洋利益。

2. 宏观政策

宏观政策主要规定了印度尼西亚海洋开发、运用、管理的战略框架与设想。随着 21 世纪工业化发展，印度尼西亚面临的海洋生态、经济发展问题日渐突出，印度尼西亚的海洋管理面临新的挑战。相应地，印度尼西亚对海洋管理政策也进行了改革，从单一管理逐步转向综合治理的，其对海洋环境、资源开发、可持续发展上都做出了明确而系统的规定。这些政策主要包括《国家政策指导路线 1999》（GBHN）、《印度尼西亚长期经济建设总纲领（2011—2025 年）》（*The Longterm Economic Masterplan*，MP3EI）、《国家发展计划（1999—2004 年）》（PROPENAS）以及印度尼西亚《21 世纪议程》（*Agenda 21 Indonesia*）等。具体内容参见表 5-5。

表 5-5　印度尼西亚海洋治理政策框架

政策	主要内容
《国家政策指导路线 1999》	该指导路线设定了发展目标与对象，其目标是确保在国家、私人部门和专业化人力资源投入等方面成熟的合作基础上建立先进的海洋产业以确保对海洋资源的充分开发和海洋生态环境的可持续发展
《印度尼西亚长期经济建设总纲领（2011—2025）》	主要聚焦于基础设施建设、工业、能源、矿业、农业综合以及旅游业等发展规划
《国家发展计划（1999—2004）》	这个计划旨在实现印度尼西亚海洋、沿海资源的可持续开发
印度尼西亚《21 世纪议程》	第 18 章制定了沿海及海洋管理的整合及其可持续发展，议程同样聚焦于保证专属经济区安全并减少气候变化与潮汐对专属经济区的影响

这一系列政策主要聚焦于实现适度的发展，通过促进海洋产业的可持续发展实现不以牺牲环境为代价的经济增长。这也反映了印度尼西亚作为最大的群岛国家对其海洋环境的基本认知。印度尼西亚的经济发展并不均衡，相应地，贫穷地区的大量存在很可能抑制印度尼西亚的经济增长与现代化进程，同时是社会不稳定因素、国家执法缺失的重要影响因素之一。因此，印度尼西亚十分重视海洋产业的发展，也试图在这一进程之中保持良好的生态环境和提高应对气候威胁、自然灾害的能力，但落后的基础设施将严重拖延其未来经济发展的速度。为此，印度尼西亚需要对基础设施、港口物流等领域加大投资，同时吸引外国投资维持其经济增长，实现经济转型。因此，2011 年 5 月，印度尼西亚出台了加速扩大印度尼西亚经济建设的总纲领——《印度尼西亚长期经济建设

总纲领(2011—2025年)》,计划通过6000亿美元的投资实现其经济的再度振兴。[①]

《印度尼西亚长期经济建设总纲领(2011—2025年)》主要聚焦于基础设施建设、工业、能源、矿业、农业综合以及旅游业等。印度尼西亚设立苏门答腊经济走廊、爪哇经济走廊、加里曼丹经济走廊、苏拉威西—北马鲁古经济走廊、巴厘—努沙登加拉经济走廊、巴布亚—马鲁古经济走廊等6大经济走廊,聚焦8大行业共计18个项目,设置相关经济发展中心,带动区域经济快速发展,以期实现2025年国民生产总值达3.8万~4.5万亿美元,人均年收入达到13000~16100美元,世界经济实力排名达到第十二位;2045年即印度尼西亚独立100周年之际,印度尼西亚国民生产总值达到16.6万亿美元,人均年收入达46900美元,世界经济实力排名中居第八或第九位[②]。

作为这个雄心勃勃的经济扩展计划的基础之一,印度尼西亚将很可能加大海洋油气资源的开采力度,通过维持国内石油公司与外国投资的合作实现资源开发,这也意味着印度尼西亚未来的海上行为将增加跨国石油公司的影子,海上利益格局很可能进一步复杂化。

3. 具体法案

这些具体法案主要聚焦于航运与港口管理、渔业准入与管理、规范海洋资源开发等具体内容,保障了经济运行的基本秩序。主要包括1985年第9号《渔业法》、1990年第5号《保护有关生活资源及其生态系统的生物资源法令》、1997年第23号《环境管理法》、2001年第22号《石油天然气法》、1984年第15号《关于印度尼西亚专属经济区的生物资源管理的政府条例》、1996年70号《关于港口的政府条例》、2002年第36号《关于外国船舶在印度尼西亚水域行使无罪通过权利和义务的政府条例》、2002年第37号《关于船舶和飞机在已建立的群岛海道行使海道通过权利和义务的政府条例》、2002年第54号《关于渔业经营的政府条例》、2002年第33号《关于监控和监视海砂的总统令》等。2004年10月,印度尼西亚通过了新的《渔业法》(*Law No.31 of 2004 Regarding Fisheries*),取代了1985年制定的《渔业法》(*Law No.90*

① Master PlanAcceleration and Expansion of IndonesiaEconomic Development 2011-2025[EB/OL].https://www.indonesia-investments.com/projects/government-development-plans/masterplan-for-acceleration-and-expansion-of-indonesias-economic-development-mp3ei/item306?.

② 蔡金城.印尼经济发展总体规划解读[J].战略决策研究,2011(5):89-96.

1985Regarding Fisheries）。该法是印度尼西亚现行有效的渔业基本法，包括 17 章共 111 条。2008 年，印度尼西亚制定的《关于捕捞渔业经营的海洋事务与渔业部部长条例》是一部重要的执行性海洋渔业法规。该条例包括 20 章共 99 条。

表 5–6　印度尼西亚与海洋管理相关立法与政策

编号	立法	主要内容
1	1973 年第 1 号《印度尼西亚大陆架法》	明确了在海床上和其领海之外的底土上印度尼西亚的天然资源
2	1982 年第 20 号《关于印度尼西亚共和国安全防御的主要条文的法令》	规定在所有由国家管辖的印度尼西亚海域（包括印度尼西亚专属经济区）的执法，安全和防卫，都是印度尼西亚海军的责任
3	1983 年第 5 号《印度尼西亚专属经济区法》	授予印度尼西亚以勘探、开发、养护和管理专属经济区的自然资源为目的的主权权利
4	1984 年第 15 号《关于印度尼西亚专属经济区的生物资源管理的政府条例》	规范了在印度尼西亚水域和印度尼西亚专属经济区内生物资源的管理问题
5	1985 年第 9 号《渔业法》	表明了印度尼西亚提高其渔业资源潜在能力水平的决心
6	1985 年第 17 号《批准 1982 年 12 月 10 日〈海洋法公约〉的法令》	规定印度尼西亚通过 1982 年《公约》，并同意受其约束
7	1990 年第 5 号《保护有关生活资源及其生态系统的生物资源法令》	确立了管理、保护和利用生物资源、自然栖息地和保护区的基本原则和一般规则
8	1992 年第 21 号《关于海上航运的法令》	全面涉及海上运输的各个方面，包括导航、港口、航运、装卸、运输事故、调查、航道和海员
9	1995 年第 5 号《关于批准〈联合国生物多样性公约〉的法令》	通过《联合国生物多样性公约》的相关规定，并同意受其约束
10	1996 年第 6 号《印度尼西亚领水法》	这是印度尼西亚批准 1982 年《公约》后，采用的一个新的群岛国家法律制度。该法规定印度尼西亚的领水包括印度尼西亚的领海、群岛水域和内陆水域
11	1996 年第 70 号《关于港口的政府条例》	规范了各类海港事宜，比如港口类型、海港区的工作范围
12	1997 年第 23 号《环境管理法》	旨在通过环境规划政策，合理开发、发展、维护、修复、监督和控制环境，来实现环境的可持续发展

续表

编号	立法	主要内容
13	1999 年第 22 号《地方政府区域自治法》	指定了省级政府的海事司法管辖权
14	2001 年第 22 号《石油天然气法》	规定了石油和天然气的勘探及开采业务、许可及生产分成问题
15	2002 年第 36 号《关于外国船舶在印度尼西亚水域行使无罪通过权利的权利和义务》	对外国船只在印度尼西亚领海和群岛水域行使无害通过时的相关条款做了界定
16	2002 年第 37 号《关于船舶和飞机在已建立的群岛海道行使海道通过权利的权利和义务》	对船舶和飞机在群岛海道，以及已经建立的海道通过时的相关条款做了界定
17	2002 年第 54 号《关于渔业经营的政府条例》	对捕渔业和水产养殖业的各种执照发放问题做了规范
18	2002 年第 33 号《关于监控和监视海砂的总统令》	确定了负责监控和监视海砂的经营和开采问题的具体机构

4. 地方分权

如前所述，印度尼西亚各地地理、人文条件差异巨大，使用单一的中央集权不仅难以应付多样化的情况并且效率低下。加之地方也需要参与到海洋开发中以获得更大的收益，因此印度尼西亚在很早之前便开始了中央向地方分权的行动，并且在过去 10 年中进一步加快。

印度尼西亚地方分权的法律权限主要来自 1999 年第 22 号《地方政府区域自治法》（*Act No.22/1999 on Regional Autonomy*）和 1999 年第 25 号《财政关系法案》（*Act No.25/1999 on Financial Relations*）。这两部法律均成为支持地方自治的法律与财政框架。第 22 号法案第 4 条为此设置了基调，当地社会可以自行组织和安排当地社会事务。第 7 条第 1 款规定地方社会有除了外交、防务与安全、司法、财政和信仰领域外实行自治的权力。相应地，第 7 条第 2 款保留中央政府对自然资源开发与保护在内的一些权力。第 10 条第 1 款则规定地方机构在其管辖范围内可以开发自然资源，并负责依法保护自然资源。

在管辖范围上，第 22 号法案第 3 条将省级政府的司法权延伸到领海，即从领海基线向外延伸 12 海里，在 12 海里范围外的专属经济区，其管辖则由中央政府负责。第22号法案对在何种情况下由省级政府和中央政府负责做了详细规定，第10条第2款规定省级政府可以在领海内实施考察、勘探、谈判和管理海域；管理具体事务；执法。第10条第3款同时规定地方自治政府有在省级政府所管辖的领海范围的三分之一，或者从领海基线向外扩展4海里的范围内拥有司法权，但底土、海床仍然由中央政府管理。具体而言，在海床及底土开采油气资源的权利仍由中央政府掌握，而渔业权则归地方所有。但是地方政府并不绝对拥有上述权限，第9条规定，在跨自治地方的事务管辖；自治地方尚未建立权威；地方权威被收归中央。这一边界在2000年第25号法规中被进一步明确，自治地方拥有4海里以内的领海管辖权，省级政府负责管理4—12海里的领海海域，中央政府则负责12~200海里的专属经济区。基于这一分工，省级政府在海洋管理事务上的权限被明显削弱，仅有少量财政手段可以实施。基于法律规定的模糊，省级政府的作为很大程度上取决于总督的态度。较为积极的总督可以更多地干预地方海洋管理，而较为弱势的总督则可能不得不面对地方海洋管理对其权威的挑战。

在财政上，1999年第25号法案第1条规定了两种预算制度：中央政府的税收开支预算（APBN）和地方政府税收开支预算（APBD）。第3条规定地方税收包括基本税收、债券和平衡基金。其中，基本税收包括来自地方企业的赋税、罚款与所得税等。第6条规定平衡基金由三个部分构成：①土地与建筑使用税、土地与建筑所得税以及自然资源开发所得中的地方分享部分；②基本配给资金；③特殊配给资金。其中，第一部分除了油气资源开发中央政府获得70%~80%之外，其他领域如渔业、养殖业和矿业，中央政府分享20%，地方政府分享80%；第二部分，第7条第1款规定中央政府必须从中央预算中拨出25%给省级政府和地方政府，其中，省级政府分享10%，地方政府分享90%；第三部分则规定地方政府分享40%，而中央政府分享60%。

中央与地方的分权使得海洋管理事务变得更加复杂，因为其参与主体的多元化以及自从1999年开始的社会转型，印度尼西亚法律呈现出大量潜藏的相互冲突，一些相似的问题上的界定与处置由于适用不同法律而呈现出显著差异。当问题出现时，相关主体又呈现出更为倾向诉诸行政手段运用行政权进行仲裁而非司法手段，由此导致行政命令与已有法律产生冲突，这无疑在相当大的程度上制约了印度尼西亚的海洋管理。当然，随着时间的推移以及更为关键的政治、社会转型深化，印度尼西亚在此问题上应当会逐步清晰。不过，地方缺乏足够执法能力、体制性激励的现状可能在较长的时间内不会发生太大改变。

5. 法律与政策执行

印度尼西亚的法律规范相对是比较健全的，其内容基本已经涵盖了经济、社会生活的大部分领域。考虑到印度尼西亚自 1999 年以来开始的转型，作为政治、社会改革的重要内容与方向，法治在印度尼西亚国家与社会中被高度重视，因此相关法律规范将会进一步完善。因此，印度尼西亚不太可能在与其他国家的冲突中采取除了诉诸国际法以外的其他手段，加之与邻国相比，印度尼西亚国土辽阔而又相对落后，法治是印度尼西亚对内、对外行为的最重要基础，也是对外行为的准则。

在执法层面，由于国家对社会的渗透存在着一定的不足，加之地区显著不均衡的存在，印度尼西亚在执法的实际操作中面临着不小的问题。一般而言，在地理环境、社会经济存在显著内部差异的国家采取单一的管理制度是不经济的，因此在 20 世纪 90 年代末，印度尼西亚实施去中心化改革，这主要体现在印度尼西亚海洋管理制度中有关中央与地方的权力分配关系。在现有央地关系正式形成之前，有关渔业、沿海资源开发的法律允许私人部门，如个人、群体或其他法律实体参与开发，但这造成了一定程度的执法混乱与不确定性。同时，印度尼西亚社会中业已形成的习惯法与国家利益存在着冲突。其不同群体之间的习惯法也存在着冲突。贫穷也促使沿岸居民采取违法行动。因此，不能对印度尼西亚的法律制度的实施效果做过高估计。

6. 印度尼西亚划定的群岛海道和海洋划界

（1）划定的群岛海道。根据 1982 年联合国《海洋法公约》第 52 条、53 条，外籍船舶在印度尼西亚群岛水域应享有无害通过权以及群岛海道权。1998 年 5 月，国际海事组织（IMO）的海事安全委员会（Maritime Safety Committee）接受了印度尼西亚提出的三条群岛海道及其支线。根据 2002 年第 37 号政府条例，印度尼西亚划定了三条群岛海道以及一些支线。

外籍船舶在印度尼西亚群岛水域行使其无害通过权和群岛海道群过权时，应遵守印度尼西亚法律，如禁止捕捞，网具应整齐存放或放入船舱，不能处于准备作业状态等。

（2）海洋划界。作为世界上最大的群岛国家，与印度尼西亚接壤的国家众多，边界纠纷不断。为此，印度尼西亚与邻国印度、泰国、马来西亚、新加坡、越南、巴布亚新几内亚、澳大利亚积极协商，签订条约，划分海洋边界。

（二）印度尼西亚海洋权益维护与海洋执法体制与执法力量

印度尼西亚仍然保留许多专业职能部门，这些部门在海洋管理中扮演十分重要的角色。印度尼西亚海洋管理机构主要由海洋渔业部、交通运输部、海关、警察、海军、空军、能源与矿产资源部、环境部等部门的纵向管理组成，辅以各省、地区政府的横向管理。其中，前四者属于行政部门执法，执法人员均由本部门人员组成，但需要接受特别的海上执法训练，并拥有一定的武装。在专属经济区和领海内的执法活动主要由海军和空军部队进行，执法范围包括渔业、能源和矿产资源勘探开发。印度尼西亚科学院、印度尼西亚船东协会、国家石油公司等非政府机构也承担一定的咨询、管理、研发职能。其中，相对集中全面的管理部门是海洋渔业部，主要任务是保护和合理、可持续地开发利用海洋资源；海上执法协调机构是海上安全协调委员会；执法强力部门是印度尼西亚海、空军与警察部队。除上述部门外，印度尼西亚的诸多部门职能均涉及海上事务，其也构成参与海上管理的主体之一。一般而言，印度尼西亚交通运输部的海上与沿岸防卫长官（Ministry of Transportation's Sea and Coast Guard Directorate）将主要负责环境保护、航运安全、港口安全等。印度尼西亚财政部的消费与统税总长官（Finance Ministry's Customs and Excise Directorate General）则负责税费征收等方面事务。法律与人权部（Ministry of Law and Human Rights）、政治司法和安全事务协调部（the Coordinating Ministry for Political, Judicial and Security Affairs, Bakorkamla）、乡土事务部（Ministry of Home Affairs）、外交部（Ministry of Foreign Affairs）、国家情报局（National Intelligence Agency）、印度尼西亚国防军总部（Indonesian National Defence Forces Headquarters, Mabes TNI）、总检察长办公室（Attorney General's Office）则主要负责情报、信息的协调而不参与具体的事务管理。

印度尼西亚的海洋管理机构设置并不能避免部门职能交叉的情况，由于群岛国家的特点，印度尼西亚与海洋有关的事务几乎涉及所有部门。以海洋与渔业发展为例，我们可以看到不同的任务涉及广泛的部门，其职能也高度交织见表 5-7）。

表 5–7　印度尼西亚海洋与渔业管理相关部门机构

序号	主要内容	支持海洋与渔业需求	
		部门名称	手段
1	增加出口	财政部	出口退税
		交通运输部	关税，航海与航空设施
		工业与贸易部	关税 / 非关税壁垒
2	支持水产养殖	基础设施部	沿岸基础设施，如公路与灌溉系统
		省级政府	海岸空间
		财政部	信用评估
3	产品质量控制	国家标准局（BSN）	设定标准
4	发展基础设施	基础设施部	道路、卫生设施
5	渔民赋权、捕捞	财政部	信用与利息
6	农业与沿海地区	小微企业部	促进公众合作意识
7	建设与投资	小微企业部	信用
		财政部	信用与利息
		银行	信用与利息
8	市场能力建设	工业与贸易部	提升
9	沿海与海洋空间	乡土事务部	城市与地区发展评价
		基础设施部	空间
		国家地图与调查协调局	基本地图
10	沿海与小岛管理	乡土事务部	岛屿定居
		基础设施部	基础设施
		部门协作	信用
		财政部	信用
11	管理保护区	林业部 旅游与文化部	保护、促进
12	保护海洋与渔业资源	国防部、海军、警察	执法
13	污染控制	环境控制局	环境保护
14	气象信息	气象与地球物理局	气象数据与信息
15	建立监控以及管理渔业资源	海军、警察	控制与执法
16	司法程序	司法与人权部	执法

除了这些常设机构外，印度尼西亚还有以下非部级机构参与到海洋事务管理中，详见表 5-8。

表 5-8　印度尼西亚海洋管理非部级机构

机构	与海洋有关职能
国土局	主要负责陆地管理
印度尼西亚科学院（LIPI）	负责发展海洋学研究
技术应用与评估局（BPPT）	技术评估
国家地图与调查协调局（BAKOSURTANAL）	基础与专门地图制作
国家航空航天中心（LAPAN）	卫星使用
国家发展规划局（BAPPENAS）	负责国家全面发展规划（资源分配）

从目前来看，印度尼西亚各个部门的权限在名义上是相对明确的，但在实际操作中存在着大量权责不清的灰色地带。部门之间的相互竞争、对资源分配的争议不断出现在印度尼西亚的海洋管理事务之中。多部门的出现有利于海洋事务的细节管理，但是面对诸多部门相互竞争的情况，印度尼西亚似乎还没有实现更多的协调。

（三）印度尼西亚海洋权益维护与海洋执法体制的特征

1. 不断提高海军、海警的执法能力

随着印度尼西亚经济保持持续增长的态势，印度尼西亚拥有更多的能力与资源投入海上力量的建设。从 2004 年起，印度尼西亚海军提出建设“绿水海军”的战略目标，现有的较先进装备也是在那个时候开始更新，装备了“西格玛”型护卫舰、“马卡萨尔”级船坞登陆舰、209 型潜艇以及大量的小型巡逻艇、扫雷艇和导弹快艇。此外，印度尼西亚还在马六甲海峡沿岸设置了雷达站，地方基地建设也在缓慢进行。

2. 组建跨部门的协调机构

在组织方面，印度尼西亚组建了跨部门的协调机构，但是一些部门的整合仍然存在着问题，这使得其身份较为模糊而权责不清，因此部门履行使命的能力仍然受到其官僚主义的严重制约。此外，虽然经济增长在持续，但面对复杂的任务尚显不足。

3. 依托东盟框架，加强与其他国家及国际组织的合作

印度尼西亚也与其他国家和国际组织开展合作，特别是依托东盟框架。

2003 年的东盟地区论坛（ARF）正式将海上安全列为议事日程，在此次会议上，东盟论坛决定采取一些措施以确保海上安全，包括人员交流、情报共享、反海盗演习、反海盗训练以及抑制极端主义跨国活动的相关措施等。2002 年东盟也就跨国犯罪问题举行特别部长会议，会议拟订了一些相关的项目以抑制跨国犯罪，如情报交换、法律事务、执法事项、训练、机构能力建设、域外合作等方面。

4. 加强马六甲海峡的联合巡逻

印度尼西亚与新加坡、马来西亚在马六甲海峡进行联合巡逻是印度尼西亚应对非传统安全威胁的另一项重要举措，也是一个良好的国际合作案例。2004 年开始，新加坡、马来西亚、印度尼西亚三方协议正式签署，三国共出动 17 艘舰艇组成特混编队进行了为期一年的巡逻，确保马六甲海峡航运畅通。2005 年，三方联合巡逻增加了航空巡逻，并且加强了三方合作。2006 年，三方联合巡逻更名为马六甲海峡海上巡逻，并与航空巡逻以及情报交换小组并称为马六甲海峡巡逻。其中，情报交换小组规定一年举行两次会见，并强化情报共享。2008 年，泰国加入马六甲海峡巡逻，并参加了 2008 年 10 月的联合海上巡逻。

5. 加强应对海洋环境污染问题治理

在应对海洋环境污染问题时，印度尼西亚政府主要有两种方式，即一方面对地方经济活动进行引导和改善，使地方行为体不再采取粗放的经济开发、资源索取来实现经济增长；另一方面，在社会、经济领域做出系统的配套改革。不过目前来看成效仍然有限。虽然也有许多国际组织、NGO 参与改善印度尼西亚的经济增长方式，但印度尼西亚经济增长与环境保护的矛盾将仍然会长期存在。同时，印度尼西亚政府也在加强提高执法能力，在巡逻、基层控制等方面有所好转，不过难以认为印度尼西亚政府已经能有效应对环境问题，印度尼西亚在改善环境生态以及应对自然灾害上仍然需要更多的国际支持和援助。

6. 地方分权

印度尼西亚各地地理、人文条件差异巨大，使用单一的中央集权不仅难以应付多样化的情况并且效率低下。加之地方需要参与到海洋开发中以获得更大的收益，因此印度尼西亚在很早之前便开始了中央向地方分权的行动，并且在过去 10 年中进一步加快。

（四）印度尼西亚海洋权益维护与海洋执法体制的优势与不足

印度尼西亚海洋权益意识与行动有一些优势，但是也存在着许多发展中国家所共同面对的问题。印度尼西亚海洋管理体制可以满足社会部分需求，但仍然面临着许多结构性矛盾。

1. 印度尼西亚海洋权益维护与海洋执法体制的优势

（1）重视海洋管理的规划和法律制定。印度尼西亚作为《公约》的缔约国，良好的遵守了《公约》的有关规定，将其作为界定印度尼西亚国家海洋利益的基本海上规范。在处理海域划界纠纷时，印度尼西亚曾经在诉诸国际法庭仲裁败诉后遵守其判决也很好地树立了国家在处理划界纠纷的良好范例。

在本国国内的海域权利划分、处理央地关系上，印度尼西亚也严格依托法律，如 1999 年第 22 号和第 25 号法案以及大量的政府行政命令对相关法律主体的权利与义务、政策基本目标、实现手段等进行了较为明确的界定。随着印度尼西亚社会转型的步伐加快，印度尼西亚对其国内相关立法工作将会继续进行，其立法质量预计也会进一步提高。

（2）积极参与东盟地区合作，与国际社会互动良好。在面对新型安全威胁的挑战、新问题的复杂性上，印度尼西亚积极依托东盟大力参与乃至主导东南亚的地区安全事务，如在马六甲安全问题上，即便存在三方之间的划界争议，印度尼西亚仍然能够与新加坡、马来西亚以及泰国实现较高层次的联合行动，特别是实现情报共享与武装力量的联合。印度尼西亚也积极接受国际组织、NGO 的援助，这在很大程度上与其社会转型有密切关联，同时，国际组织、NGO 等行为体能够在一定程度上弥补国家能力上的暂时不足。

当然，印度尼西亚能够较为容易地实现国际合作或接受国际援助，是以社会转型、较好地遵守国际规范为基础的，也与其作为地区性国家有着密切的关系。印度尼西亚作为东盟的重要成员国，将在处理相关非传统安全领域内发挥更好的作用。

（3）地方自治可以激发地方参与海洋事务的活力。1999 年的地方自治法案颁布后，印度尼西亚的地方自治便进入了实践环节，虽然这也是约束省政府的重要手段，但是印度尼西亚的地方自治确实呈现出较强的活力，也能结合地方实际，更容易在地方社会中获得较强的合法性。地方自治可以获得对地方资源的有效开发，地方拥有较强的动机参与地方经济活动，刺激地方经济增长。

印度尼西亚的地方自治是面对复杂国家治理过程中的必经之路，通过法律对相应法律主体行为的规范，使得印度尼西亚地方积极主动地参与海洋事务，节约了中央政府治理地方事务的成本，避免了许多不必要的冲突。

2. 印度尼西亚海洋权益维护与海洋执法体制的不足

印度尼西亚的海洋管理同样存在着许多显而易见的不足之处，其中一些不足是发展中国家所共有的，另外一些则是印度尼西亚独有的。

（1）法律、行政命令、习惯法之间存在着冲突。印度尼西亚虽然已经开始社会转型，但国内在立法工作上仍然显得较为不成熟，行政权与立法权并没有实现足够的协调。因此，在一些设计具体事务而颁布的行政命令上，行政命令与法律的冲突事实上是存在的，且在一些特定时候，相似的事件却适用于不同的法律或行政规定。因此，基于印度尼西亚国内社会的复杂与多元，在基本分权框架进一步明晰之前难以实现新的改变。

类似的冲突不仅仅发生在国家的横向结构上，在纵向上由于国家对于基层的渗透尚不完全，中央政府的法律很难有效在基层得到执行。地方社会往往存在习惯法，在许多时候是与中央或者省的法律法规相互冲突的，因此，法出多门的情况在印度尼西亚还较为常见，实践上不可避免地将会导致混乱。

（2）机构设置缺乏协调。由于部门职能的横向切割，在一些具体事务上存在职能划分不清晰的情况，这些情况不可避免地导致了官僚机构之间的相互推诿、卸责、相互竞争和争夺资源的情况发生。同时，多种主体的参与在法律制度尚不能十分明晰、具体的情况下极易发生相关机构或个人滥用职权，或者不作为的情况。印度尼西亚目前的部门职能与权责仍然切割得较为模糊，其涉及海洋事务的部门众多，领域跨度很大，需要进行协调。

虽然印度尼西亚设置了一个相对独立的机构，即海上安全协调委员会来对各个主要部门的职能与行为进行协调，但是如果仅仅在机构设置上加上一个简单的非常设机构用以处理紧急的、较为严重的事态，而没有对部门机构进行约束、政治文化进行整合的话，部门间的相互推诿扯皮就很难被阻止。目前来看，印度尼西亚仍然缺乏这一有效协调多个涉及海洋管理的部门，组建统一的主管部门也困难重重。

（3）执法能力有待提高。由于没有统一的主管部门，非常设机构也无法担负日常指挥工作，目前没有一支独立的执法队伍能够在印度尼西亚国内海域实现有效的管控。目前担负日常警察工作的是依附于国家警察部队的海上警察，而没有独立的海岸警卫队存在。相应地，海上警察不但难以顺利地针对自身任务特点进行训练与装备投入，还会在很大程度上与其他警察力量争夺有限的安保资源，而这种竞争对海上警察部队而言并无优势和足够激励。虽然印度尼西亚在 2008 年便提出了建立印度尼西亚海岸警卫队的规划，但由于较低的行政效率，直至今日仍未能成行。

此外，由于印度尼西亚国内基础设施建设较差，海域情况复杂，岛屿众多且人口分布不均，不论是印度尼西亚海军还是印度尼西亚海警部队均无力有效控制复杂的海域，对于环境监视与控制、快速反应等领域，印度尼西亚海上力量仍然存在能力短板，执法能力虽然有所提高，但离完成赋予的任务还有一定差距。

六、“全球海上支点”战略背景下印度尼西亚海洋权益维护的新举措

2014 年 10 月 20 日，印度尼西亚“平民”总统佐科宣誓就职后提出建设海洋强国。随后，在 2014 年 11 月的东盟峰会上，佐科再次阐述其施政目标是积极参与亚太与印度洋事务，将印度尼西亚建成“全球海上支点”或“海洋轴心”，并提出优先建设五个支点，即复兴海洋文化、保护和经营海洋资源、发展海上交通基础设施、进行海洋外交、提升海上防御能力[①]。“全球海上支点”战略本身具有内向性，以关注国内经济和海洋利益为主，但其影响会不可避免地外溢[②]。同时，不可忽视的是保护和经营海洋资源、海洋外交以及提升海上防御能力与海洋安全管理息息相关[③]。佐科总统还进一步指出，加强海

① Witular, Rendi A. 2014a. ‘Jokowi launches maritime doctrine to the world’, The Jakarta Post, 13 November[EB/OL].（2014-11-13）http://www.thejakartapost.com/news/2014/11/13/jokowi-launches-maritime-doctrine-world.html.

② Aaron Connelly, “Sovereignty and the Sea; President Joko Widodo’s Foreign Policy Challenges” [J]. Contemporary Southeast Asia , 2015，37（1）：1-28.

③ 保护和经营海洋资源意味着要严厉打击外国非法捕鱼；海洋外交意味着要加强国际合作打击海上犯罪以及协商处理主权争议；提升海上防御能力意味着要加快军事现代化和提高海上执法能力。

上防御不但要保护印度尼西亚海洋财富和主权完整，还要保护地区航行安全和海上安全。

进入21世纪后，国际环境的变化使印度尼西亚除了处理纷繁复杂的国内海洋开发、维护、分权与集权等传统国内问题和海洋划界、维权等国际问题之外还面对来自外在的新的挑战，表现为新型非传统安全威胁。这些非传统安全威胁主要来自三个方面：海上安全秩序的维持、海洋环境保护与可持续发展问题以及海洋灾害的应对。面对海洋管理新挑战，佐科政府先后出台了一系列应对新举措。

（一）颁布《国家海洋法》，提供法律保障

在参考《海洋法公约》和考虑该国地理条件的基础下，妥善解决有关现行法律法规的国内外问题后，2013年，印度尼西亚将海洋法制定正式列入国家立法计划。2014年10月17日，时任印度尼西亚总统苏西洛正式颁布第32号令印度尼西亚《国家海洋法》，旨在为管理和开发海洋资源提供一个有效的法律框架[①]。《国家海洋法》规定全面实施海洋资源的可持续综合利用政策，范围包括领海、海洋资源开发、海洋管理、海洋文化培育、海洋空间管理和海洋环境保护、执法、海洋安全和政府机构等各个方面。《国家海洋法》第14条进一步规定，海洋资源的利用（如渔业、能源矿产、海岸和小岛的资源和非常规自然资源）必须为印度尼西亚全体人民的最大利益服务。海上安全和防御方面，《国家海洋法》第11条规定，尽管印度尼西亚的主权不会蔓延到国际水域，但政府有打击国际犯罪、保障国家船只安全以及协调其他国家或国际组织阻止和降低海洋环境污染的义务。基于此，根据《国家海洋法》第58条和第59条第3款，印度尼西亚组建了海上安全局（SSA）以代替之前成立的海上安全协调局，作为执法机构主要负责印度尼西亚领海和管辖海域的安全巡逻和执法。海洋空间管理和海洋环境保护方面，《国家海洋法》第47条规定，获得开发许可证的个人允许开发领海内的海洋空间（内水、群岛水域和领海）和管辖海域（专属经济区和大陆架）。对于违规开发活动将给

① 尽管《国家海洋法》是由时任总统苏西洛颁布的，但佐科政府上任后采取的系列安全措施都是基于《国家海洋法》而做出的。

予行政处分，如书面警告、临时中止、现场关闭、撤销许可证、行政罚款等，并且《国家海洋法》第49条规定，违规开发活动将可能面临高达6年监禁和200亿印尼盾（折合人民币1031万）的罚款。海洋环境污染方面，根据《海洋法》第52条、海洋环境污染泛指从印度尼西亚领海或管辖海域到国际海域的环境污染。此外，《国家海洋法》第52条第3款确定了海洋污染的争端解决和实施制裁的程序以及“谁污染谁承担”的原则。印度尼西亚颁布的《国家海洋法》为其海洋政策和行为确立了法律保障，从中央到地方有了经略海洋的依据和界限。

（二）整合海上执法力量，提高海上执法能力

佐科当选总统后，对海洋和渔业部门加以整合并升格为新的海洋事务统筹部，负责协调海洋渔业部、交通运输部、能源与矿产资源部及旅游与文化部的各项事务。2014年，佐科总统根据《国家海洋法》和2014年第178号总统条例，在参考国防与安全部部长/国军总司令、交通运输部部长、财政部部长、司法部部长和总检察长建议的基础上决定组建海上安全局（Bakamla）对外称印度尼西亚海岸警卫队，撤销之前的海上安全协调局，负责印度尼西亚领土和管辖海域的安全巡逻和执法，佐科授命海军中将Desi Albert Mamahit为海上安全局首任负责人[①]。海上安全局的成立标志着印度尼西亚进入预警系统和执法单位综合支撑的协同海上行动时代，预警系统利用远距离雷达和卫星运作为支撑，海上安全执法的能力大为提高，一经成立立即开展了代号为“Nusantara 5”和“Nusantara 6”的海上执法巡逻行动[②]。自此，印度尼西亚开始进入立法机构立法、执法机构有效地执行、共同维护印度尼西亚海域安全和海洋权益的时代。

① 佐科威正式成立海上安全机构[EB/OL]. 新闻网（2014-12-14）http://www.shangbaoindonesia.com/?p=117820.

② 海上安全机构受总统任命后立即执行任务[EB/OL]. 新闻网（2015-05-25）http://www.shangbaoindonesia.com/?p=129313.

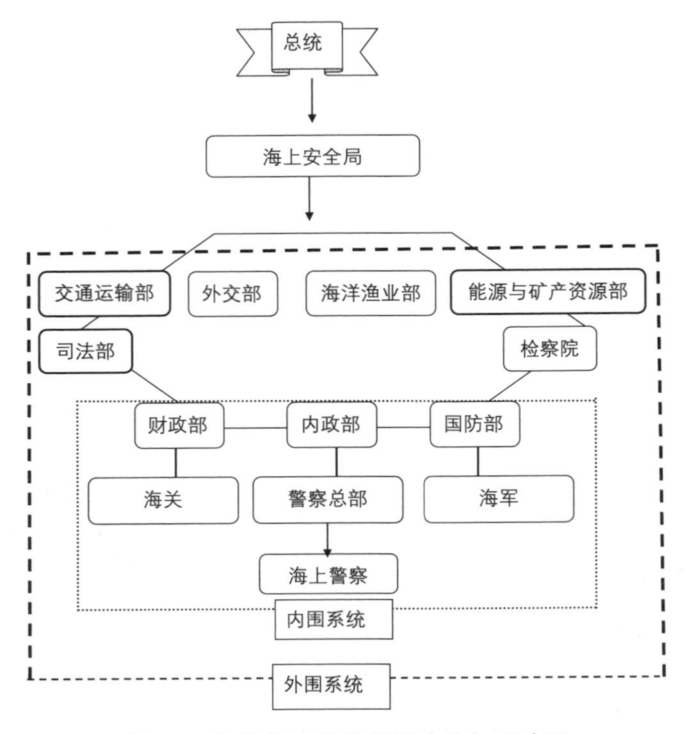

图 5-1 海洋执法相关部门协作与互动图

资料来源：根据相关资料绘制。

（三）强悍打击非法捕捞，彰显维护海洋资源的决心

佐科总统上台以来，强烈维护国家海洋权益，对待外国非法捕捞采取了强硬的立场，海洋渔业部部长苏茜（Susi Pudjiastuti）在她上任的第一年，就下令炸沉外国非法捕捞船只 106 艘①。

据印度尼西亚海洋渔业部统计，2008—2014 年，印度尼西亚海事执法机构抓扣外国非法捕捞船数分别为 124 艘、124 艘、159 艘、69 艘、70 艘、32 艘、115 艘②。2014 年 10 月至 2016 年 1 月，印度尼西亚海事执法机构抓扣 157 艘外

① Amindoni, Ayomi. 2015. 'Indonesia sinks 106 foreign boats', The Jakarta Post, 30 October[EB/OL].（2015-10-30）http://www.thejakartapost.com/news/2015/10/30/indonesia-sinks-106-foreign- boats.html.

② Ministry of Marine and Fishery[EB/OL]. http://kkp.go.id.

国非法捕捞船，其中炸沉 121 艘，仅 2015 年上半年就炸沉了 107 艘，遭炸沉的大部分船只来自马来西亚、巴布亚新几内亚、菲律宾、泰国、越南等国，其中 1 艘来自中国[①]。当然，针对不同国家的非法捕捞船，印度尼西亚也采取了差异化对策。印度尼西亚认为，泰国、越南的非法捕捞渔船对海洋主权的威胁似乎不大，对其采取强悍措施甚至击沉非法捕捞渔船的后果不大，因此销毁的大部分外国非法捕捞渔船是属于这些国家的。

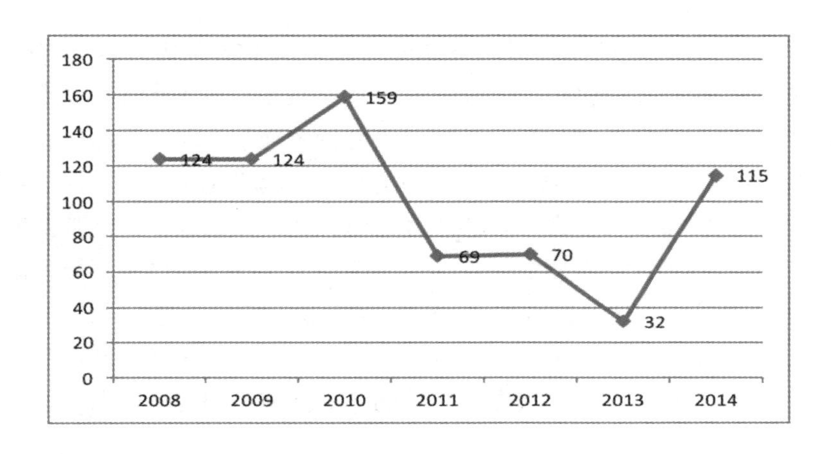

图 5-2　2008—2014 年印尼抓扣外国非法捕捞渔船数量统计

相反，对于中国，印度尼西亚采取了软措施。印度尼西亚根据海洋渔业部早前颁布的条例，禁止所有外国渔船在印度尼西亚领海的大型捕鱼活动[②]。印度尼西亚认为，在与中国的渔业合作协议中中国公司获益多，导致印度尼西亚

① Prashanth Parameswaran, Indonesia Could Sink 57 More Vessels in War on Illegal Fishing, January 08[EB/OL].（2016-01）http://thediplomat.com/2016/01/indonesia-could-sink-57-more-vessels-in-war-on-illegal-fishing.

② 印度尼西亚认为，领海内的大型捕鱼活动在走私石油天然气、偷税漏税、大规模捕鱼等 3 个方面给印度尼西亚经济造成巨大损失。以大规模捕鱼为例，大型捕鱼船在领海内大肆捕捞的后果是渔业资源减少，直接导致无法到深海捕鱼的小型渔船无鱼可捕，从而影响近海渔民的生计。

渔业资源的损失，损害了印度尼西亚渔民的权益[①]。综上考虑，2015 年 1 月，印度尼西亚果断单方面废止与中国签署不足半年的渔业协议，取消中国的渔业公司在印度尼西亚海域捕鱼的权限。

未来打击非法捕捞政策会持续，维护海洋权益成效显著。维护国家海洋主权和权益，严厉打击外国非法捕捞是印度尼西亚构建“全球海上支点”的重要内容。

（四）南海争端中实施“中立”政策

2015 年 3 月佐科总统访问日本在东京帝国饭店发表演讲时以及 2016 年 5 月 24 日接受《日本经济新闻》采访时都表示，印度尼西亚不会在南海争端中选边站，印度尼西亚只是希望尽快推动制定南海行为准则，印度尼西亚希望成为良好的调停者，不希望南海成为权力纷争之地[②]。但印度尼西亚对保卫纳土纳群岛专属经济区的态度日益强硬。2016 年 7 月，佐科政府在“南海仲裁案”仲裁结果宣布的第二天就宣布紧急增加在中国南海纳土纳群岛的军事部署以增强该海域的安全及防卫，包括部署战舰、F-16 战斗机、防空导弹、雷达和无人机，兴建新码头和升级飞机跑道等，以及增派空军、海军陆战队特遣部队和一个营的陆军兵力和计划从爪哇岛转移数以百计的渔民到纳土纳群岛，以增加该海域的渔业活动[③]。

2016 年以来，经中国与东盟成员国共同努力，南海争端问题逐渐降温，南海争端向好趋势日益明显。但由于南海争端的历史复杂性以及海洋经济对周边国家的重要贡献，加上域外大国加大对南海争端的干预力度，因此短期内南海向好趋势仍存变数。2017 年 7 月 16 日，印度尼西亚公布将南海部分海域重命名为“北纳土纳海”的新地图从而引发中国与印度尼西亚外交关系紧张。好在这一紧张局势并没有影响中国—东盟加快《南海行为准则（COC）》的谈判进程。2017 年 8 月 6 日，中国与东盟双方在中国—东盟外长会议上正式签署了《中国 -

① 根据中国和印度尼西亚双方 2014 年 10 月签署的渔业合作协议，中国公司如果与印度尼西亚公司合资，并且占股不超过 49%，就能在印度尼西亚海域捕鱼。印度尼西亚为东南亚地区的大国，目前人口占东南亚地区一半，GDP 占东南亚地区 40% 左右。

② 印尼总统佐科 . 不希望南海成为权力纷争之地 [EB/OL]. （2016-05-25）http://world.huanqiu.com/exclusive/ 2016-05/8973199.html.

③ Yu Miles. 2015. Et tu, Jakarta?, The Washington Times, 19 November[EB/OL].http://www.washingtontimes.com/news/2015/nov/19/inside-china-china-concedes-natuna-islands-to-indo/?page=all.

东盟“南海行为准则框架协议”》（简称COC框架），南海局势向好局面进一步凸显和巩固。

在此，需要我们认真反思上述反复无常的现象，特别是印度尼西亚。印度尼西亚是南海争端的非声索国，对此，中国与印度尼西亚在外交场合屡次确认。印度尼西亚也一度在南海争端中采取低调的姿态，发挥建设性作用，协调解决南海争端。但随着2014年10月佐科总统执政后，印度尼西亚总给国际社会一种强硬的印象。

强硬的表现有很多，但这几件事情给国际社会留下了深刻的印象。一是宣示主权，进一步巩固更名活动。早在2016年8月，印度尼西亚就已经宣布将与南海重叠的海域更名为北纳土纳海。2017年7月，印度尼西亚发行更名的新版地图，引发了中国的强烈抗议，但印度尼西亚却以纳土纳周边海域属于印度尼西亚专属经济区而不是属于中国南海为由，认为所谓更名完全是印度尼西亚主权范围内做的事情。

二是炸毁非法捕捞船，引发地区紧张。对于印度尼西亚来说，海洋包括纳土纳海域每年遭受非法捕鱼导致的经济损失达数十亿美元。据印度尼西亚海洋渔业部统计，2014年10月至2016年1月，印度尼西亚就抓扣157艘外国非法捕捞船，其中炸沉121艘。仅2017年，印度尼西亚共计在纳土纳海域抓获75艘非法捕捞船，其中，63艘来自越南，其他分别来自周边邻国，如马来西亚、菲律宾等。尽管2016年8月印度尼西亚官方对国庆期间集中炸毁非法捕捞渔船的事情相对低调，但总体上，炸毁渔船是一种比较极端的暴力行为，除了彰显维护海洋权益的决心外，负面效应也很多，轻则给渔民生命财产安全带来威胁，重则可能引发海上对峙甚至地区紧张局势。如越南在阮富仲书记8月访问印度尼西亚前还在指控印度尼西亚枪杀越南渔民。

三是加快纳土纳军事部署和监控力度。印度尼西亚军方认为，印度尼西亚在南海争端中保持中立并不代表应该忽视“未来可能的威胁”。因此，印度尼西亚陆、海、空三军制订了一个全面加强纳土纳群岛防务的计划。2016年6月，佐科总统乘坐军舰到纳土纳群岛宣示主权，并宣布扩大纳土纳群岛海域的油气勘探和渔业活动。7月，佐科政府在“南海仲裁案”仲裁结果宣布的第二天就宣布紧急增加在中国南海纳土纳群岛的军事部署以增强该海域的安全及防卫，包括部署战舰、F-16战斗机、防空导弹、雷达和无人机，兴建新码头和升级飞机跑道等，以及增派空军、海军陆战队特遣部队和一个营的陆军兵力和计划从爪哇岛转移数以百计的渔民到纳土纳群岛，以增加该海域的渔业活动。此外，印度尼西亚还加强了对纳土纳专属经济区的巡逻，部署派遣 5 艘巡逻艇巡逻纳土纳专属经济区海域、中国南海和加里曼丹海峡。

四是加强与日本的安全合作。2016 年 7 月宣布发行新版更名地图后，印度尼西亚与日本加强了在纳土纳群岛的安全合作。同年 9 月 6 日，印度尼西亚与日本签署合作协议加强最外缘 6 个岛的安全合作，其中就包括纳土纳岛，印度尼西亚决定接受日本援助，接收日本巡逻船、卫星数据并部署监控雷达，以加强对重叠海域的监控。日本作为域外大国为印度尼西亚提供技术和巡逻船，印度尼西亚作为争议当事方，打着发展渔业和保护国家海洋主权的幌子，调动国内民族主义以增加“合法性”基础，通过里外结合在纳土纳群岛争议海域演唱了一曲“双簧好戏”。

（五）加强海空军军事现代化，增强保护海洋安全的能力

2010 年后，印度尼西亚海军和空军开始稳步推进现代化。2010 年印度尼西亚制定《2010 年国防战略规划》，旨在通过军事采购，打造一支“必要保障部队”的“绿水海军”，包括一支 110 艘军舰的“打击部队”、一支 66 艘军舰的巡逻部队和一支 98 艘军舰的支援部队[①]。印度尼西亚政府强调，印度尼西亚必须加速建成一支“具有高度机动能力和威慑能力”的强大海上武装力量。印度尼西亚制定了《未来海军力量建设长远规划（2005—2024 年）》，要在 20 年内使海军拥有保卫国家安全所必需的最基本力量。空军计划将包括 10 个战机中队，到 2025 年共配备 180 架战机[②]。

---

① Rizal Sukma. Ndonesia’s Security Outlook and Defense Policy 2012, in Security Outlook of the Asia Pacific Countries and Its Implications for the Defense Sector[M].Tokyo: National Institute for Defense Studies, 2012: 3-19.

② Evan A Laksmana. “Rebalancing Indonesia’s naval force: trends, nature, and drivers,” in Geoffrey Till and Jane Chan, eds., Naval Modernisation in South-East Asia: Nature, Causes and Consequences[M]. New York: Routledge, 2014: 189； Rizal Sukma. “Indonesia’s Security Outlook and Defense Policy 2012,” in Security Outlook of the Asia Pacific Countries and Its Implications for the Defense Sector[M]. Tokyo: National Institute for Defense Studies, 2012: 3-19； Arientha Primanita, Ezra Sihite, and Faisal Baskoro. “Indonesia Pledges to Raise Defense Spending,” Jakarta Globe [EB/OL].（2011-10-06）http://www.thejakartaglobe.com/news/indonesia-pledges-to-raise-defense-spending/469853.

为提高海上防御力量，佐科政府显然会沿袭《2010年国防战略规划》。首先，将国防预算开支由原来的占GDP的0.9%提高到2019年占GDP的1.5%，届时国防预算开支将由70亿美元增加到2020年的200亿美元，年均增长率约为16%①。同时，调整国防预算结构，大幅减少燃油补贴，将国防预算用在提高军事实力上②。

其次，佐科政府调整了国防防御政策和重点。2016年5月，印度尼西亚国防部发布新版《国防白皮书》，强调以“强健的姿态”支持军事现代化并对不断增长的战略威胁进行回应，强调加强海洋防御体系建设③，而不是视某一国家为具体威胁，以配合佐科政府建设“全球海上支点”的宏伟战略④。

再次，佐科政府重视军事采购和本土国防工业基础相结合。佐科政府除了会继续完成此前的武器采购计划项目，同时采购重点会向海上执法装备侧重，同时，为提高三大军种的协同作战，军队当前采购的重点是通信、监控以及网络技术设备等⑤。为发展本土的国防工业，佐科政府重视以技术转移的方式加强国际合作以提高本土国防工业。

① Rencana Pembangunan Jangka Menengah Nasional: Buku I [M]. Jakarta: Kementerian Perencanaan Pembangunan Nasional, 2014: 77.

② 苏西洛政府时期，燃油补贴占国防预算开支的22%，佐科政府调整国防预算结构，燃油补贴由2014年的200亿美元削减到2015年的50亿美元。

③ 防御体系由三层组成：一是外层防御区域，主要指印度尼西亚专属经济区以外的领海和领空；二是主要防御区域，主要指印尼海陆疆界至专属经济区的区域；三是内层防御区域，主要指苏门答腊岛、加里曼丹岛、爪哇岛等各大岛屿。

④ 2016年版印度尼西亚《国防白皮书》共11章，将印度尼西亚的国防挑战分为现实威胁和非现实威胁。现实威胁主要包括恐怖主义、极端主义、分裂主义、武装叛乱、自然灾害、边境骚乱、知识产权侵犯、自然资源盗窃、瘟疫、网络攻击、间谍活动、贩毒和走私等。非现实威胁指因军备竞赛引起的外部冲突。

⑤ 2010年后，印度尼西亚开始了海军重建计划，侧重于采购军事武器。2012、2013年分别向荷兰达门谢尔德海军船厂订购两艘“西格玛”级10514型轻型护卫舰，分别计划于2017年和2018年交付。2012年8月，印度尼西亚以技术转移的方式正式向韩国订购3艘209型1400吨级柴电攻击潜艇。空军方面，2012年开始印度尼西亚从美国获得24架退役的F-16C/D战机。首艘战机已于2014年7月抵达印度尼西亚Roesmin Nurjadin空军基地，一旦24架交付完毕后，印度尼西亚还计划将老式的10架F-16A/B升级到最新版本。

七、印度尼西亚海洋安全管理的发展趋势

（一）打击非法捕捞政策会持续，维护海洋权益成效显著

维护国家海洋主权和权益，严厉打击外国非法捕捞是印度尼西亚构建“全球海上支点”的重要内容。印度尼西亚严厉打击非法捕捞的政策是否可续仍需要观察，原因是印度尼西亚经济实力仍然弱小，海上执法的大型船只缺乏资金补贴燃油，因而，可能无法有效可持续性地执行严厉政策。从炸沉的船只主要来自周边小国而不是大国，可见其炸沉外国非法捕捞船只的政策是有选择地执行的。从目前的趋势来看，印度尼西亚似乎下定了决心要继续强硬地执行打击非法捕捞，但打击非法捕捞不宜依靠炸沉外国渔船，而是应该依靠提高海上执法队伍的能力和装备 。

（二）军事现代化会逐步提升其作战能力，但不会达到一个新的高度

印度尼西亚军事现代化的进程仍然相对缓慢，即使其雄心勃勃的《2010 年战略国防计划》也延期至 2024 年完成。海军史上最大的订单延期至 2019 年交付 ，从荷兰订购的 2 艘“西格玛”级护卫舰预计也不会早于 2020 年交付，可以看出海军现代化进程大大低于预期。随着大批老旧舰艇的陆续退役，要完全保护印度尼西亚广阔的海洋，印度尼西亚至少需要配备 12 艘潜艇。2014 年佐科总统竞选时承诺将国防开支增加到 GDP 的 1.5%，比当前水平增加近 70%，但当选后，他宣布印度尼西亚的首要任务是经济、基础设施和社会福利，国防现代化并不在首要任务之中。可以说，印度尼西亚的军事现代化进程远远低于预期，军事现代化有很长的路要走，但印度尼西亚努力提升军事实力和防卫国家海洋的能力和决心不会动摇。

（三）继续大国平衡战略，提升防卫安全合作

从目前来看，佐科政府会继续施行大国平衡战略，在对外关系中平衡美国、日本以及影响力日益增长的中国，从而既保持外交政策的独立性又能争取更多的外交空间。一方面，在南海争端中，印度尼西亚主张用和平谈判的方式解决争端，积极推动各方制定《南海行为准则》，继续维持“中立”政策，避免“选边站”，同时，积极维护东盟在地区安全合作中的主导作用，积极推动自身与

邻国和平谈判解决海洋划界纠纷。另一方面，东亚大国的战略竞争为提升防卫安全合作提供了战略机遇，印度尼西亚会积极与美国、日本、中国、澳大利亚等国加强海上执法合作，在高层会晤、人员交流、信息交换、能力建设、舰船互访等方面积极开展合作，共同打击海上跨国犯罪，妥善处理海上纠纷，携手维护地区航行安全与稳定。再次，为了平衡美国在亚太的霸主地位和中国日益增长的影响力，在环印度洋联盟合作（IORA）框架下，印度尼西亚正逐渐扩大与印度洋沿岸国家加强安全对话和海上安全合作，如协调进行海上巡逻、开展海上搜救训练、预防和打击恐怖主义和极端主义、联合演习、加强互通信息共同打击非法捕捞以及安全课题学术交流等。

（四）中国应对：提升两国智慧，积极妥善解决重叠水域纠纷

2013 年中国积极倡议共商共建共享 “一带一路”，印度尼西亚是“一带一路”建设沿线重要支点国家，在此背景下，如何积极妥善解决重叠水域纠纷是有效对接两大战略不可回避的问题。中国一再声明，中国与印度尼西亚在南海没有领土主权争端，印度尼西亚也无意在南海争端中选边站。考虑到印度尼西亚的国家利益，印度尼西亚会选择沿袭前任苏西洛政府的积极进取外交政策，在南海问题上继续保持中立。但印度尼西亚要构建“全球海上支点”战略，保护海洋资源，提升海上防御能力是其应有内容。基于这一点，印度尼西亚认为不仅需要在纳土纳群岛增强军事实力和渔业活动，还需要严厉打击在该海域正常作业的中国渔船。未来解决之道需要印度尼西亚与中国两国站在维护地区稳定与和平的高度，积极妥善解决重叠水域的问题。

八、结语

综上所述，印度尼西亚作为世界上最大的群岛国家，处于重要的战略位置。维护国家统一和领土完整是印度尼西亚海洋战略的基本目标，海洋对于印度尼西亚有着战略安全利益和经济利益，海洋利益对印度尼西亚有着重要的意义。为了实现海洋利益，印度尼西亚采取了政治、外交、法律三种手段相结合的策略。要想实现海洋利益，不仅每种手段仍需要加强，而且三种手段要巧妙结合地综合使用。印度尼西亚海军装备现代化还需要漫长的过程，值得注意的是，随着美国“回归”东南亚，大国势力在这里复杂交织，这也考验着印度尼西亚政府的智慧。

印度尼西亚在国家转型之后对于未来的定位逐步明确，其利用海洋资源、保护海上利益、拓展海上权益的趋势也在加强。作为一个人口大国、新兴经济体和地缘战略位置重要的群岛国家而言，印度尼西亚将会进一步依托海洋寻求发展。因此在未来，印度尼西亚也会在注重拓展海上资源开采的同时，加强国家海上执法队伍的建设。但是基于其国内复杂的官僚机构之间是否能成功地加以整合目前来看仍然有一定的疑问，不过如果印度尼西亚能保持目前的发展速度且社会转型顺利进行的话，最终应当可以具备较为高效的海上执法能力，并依此进一步提高在东盟乃至地区事务的参与能力，成为地区与国际事务上不可忽视的力量。

对中国而言，虽然由于双方环境不同、定位不同，相互面临着不同的问题，但对于海洋管理制度，我们仍然可以获得一些启示，如中央政府让权给基层政府，使基层更积极地参与海洋事务，并更为灵活和高效地实现海域开发，中央政府则仍然负责外事工作以及海域治理等国家层面的公共产品供给；此外，中国也需要进一步加强机构整合，使得中国参与国际海上事务更为高效，特别是中国所面临的海上形势远远比印度尼西亚更为复杂，这点显得尤为重要。中国与印度尼西亚不存在南海岛礁主权争端，只在纳土纳群岛水域存在海域重叠争议，只要两国妥善处理重叠水域争议问题，印度尼西亚有可能成为中国与东盟其他国家在南海争端问题上相对有力的协调者甚至支持者。应该说，中国与印度尼西亚在海上事务的合作潜力是比较巨大的，这些合作也可以作为中国供给国际公共产品的典范，对中国未来的周边外交和海洋命运共同体建设来说具有较为深远的意义。但印度尼西亚的执法力量相对于其广阔的海域管辖任务来说还是显得捉襟见肘，于是采取野蛮的手段炸毁外国非法捕捞船引起了各国的外交抗议和地区紧张，这也给中国一个启示，就是需要尽快提升自身的执法力量和执法能力以维护在南海的合法海洋权益。

第六章　马来西亚海洋权益维护与海洋执法体制

马来西亚位于东南亚，国土被中国南海分隔成东、西两部分。西马来西亚位于马来半岛南部，北与泰国接壤，南与新加坡隔柔佛海峡相望，东临中国南海，西濒马六甲海峡。东马来西亚位于加里曼丹岛北部，与印度尼西亚、菲律宾、文莱相邻。全国海岸线总长 4192 千米，有岛屿 1007 个，大部分面积较小，较大的岛屿有兰卡威岛、刁曼岛、热浪岛和邦咯岛。[①] 马来西亚很多岛屿被划定为国家海洋公园。马来西亚是东盟的重要成员之一，也是中国南海岛礁主权声索国之一。马来西亚虽然国力有限，但近些年来在维护海洋权益与自身周边海洋的控制和利用上却不遗余力。马来西亚通过一系列海洋政策的制定与实施，不仅获取了客观的海洋权益，也有力地提升了马来西亚国家的地位。

一、马来西亚海洋战略目标

海洋曾给马来西亚带来财富与荣耀，15 世纪的马六甲马来苏丹王国凭借马六甲海峡优越的地理位置和便利的交通优势成为马来西亚历史上最辉煌的朝代。但也正是因为马六甲海峡位置的重要性招致了西方列强的觊觎继而被攻占，马来西亚逐渐沦为了英国殖民地。1957 年马来亚联合邦成立以后才开始真正享有对其海洋领土的主导和利用。从长期的实践来看，马来西亚的海洋观念不可谓薄弱。马来西亚已将海洋战略列为其“2020 宏愿”规划的重要组成部分，其主要目标是促进海洋经济的可持续发展，建立世界一流的海洋科技，以实现国家工业化[②]。马来西亚国内的一些学者和智库也正在为马来西亚的海洋战略进行

---

① 中国外交部．马来西亚国家概况 [EB/OL]. https://www.fmprc.gov.cn/web/gjhdq_ 676201/ gj_676203/yz_676205/1206_676716/1206x0_676718/.

② 马来西亚“2020 宏愿”最初是 1991 年时任马来西亚首相马哈蒂尔在马来西亚商务委员会成立大会上发表的演讲，即现在熟知的马来西亚“2020 宏愿”[EB/OL].http://unpan1.un.org/intradoc/groups/public/documents/APCITY/UNPAN003223.pdf.

谋划，如马来西亚海洋事务研究院（MIMA）对制定海洋政策提出了10点建议，概括起来分别为清晰制定海洋战略目标；提高海洋经济对GDP的贡献；重点发展港口和航运业；调动各方积极性参与海洋管理；重视海洋管理体制改革；提高海洋科学研究；提高劳动者素质；重视海洋环保；重视规划；重视与邻国的海洋划界①。

从马来西亚国内海洋政策制定和讨论以及现实的国家需要可以看出其海洋战略主要追求三个目标：一是大力发展海洋经济，让海洋为其国力增长提供“蓝色动力”；二是实现以主权安全、航行安全、经济安全为中心的海洋安全政策，构筑本国海洋安全屏障；三是通过对所控制的重要航道和海域施加影响力，提升本国在国际舞台上的地位。

（一）大力发展海洋经济，为国力增长提供“蓝色动力”

海洋战略的首要目标是发展海洋经济以促进马来西亚国民经济的增长。海洋是巨大的蓝色聚宝盆,其中蕴含着大量高价值的生物资源、矿产资源以及石油、天然气等能源，对海洋的开发利用已经成为国际社会中一个炙手可热的领域。马来西亚本身拥有丰富的渔业资源，在马来西亚的海洋经济中，渔业是马来西亚基础产业之一，马来西亚政府已经将渔业发展纳入其经济转型的规划之内，希望通过大力发展海洋水产养殖业来逐步减少对海洋渔业捕捞业的依赖。近些年来，马来西亚政府也意识到因为过度捕捞而造成渔业资源枯竭以及海洋污染对渔业的威胁问题，因此在马来西亚的海洋经济政策中已经在考虑采取措施以确保海洋渔业资源的可持续利用，并加强对海洋生态环境的保护。

除开发渔业资源外，马来西亚的海洋油气资源也很丰富。在马来西亚，石油资源几乎全部来自海上。特别是在被马来西亚侵占的我国的南海海域，马来西亚已在南海海域打出近百口油气井，年产石油3000余万吨。马来西亚通过疯狂盗采我国的油气资源，获得巨额的经济利益。另外，在与印度尼西亚有争议的苏拉威西海域也富含油气资源，马来西亚也在进行不断地勘探与开采。事实上，对海洋油气资源的开采早已是马来西亚海洋战略的重要组成部分。由于国内能源需求不断增加，马来西亚已经打算开发深水油田来增加本国的石油产量。2010年，马来西亚财政部长在接受美国彭博新闻社记者采访时指出，为了

① 骆永昆．马来西亚的南海政策与走向[J]. 国际资料信息，2011（10）：23-24.

增加收入以及延长本国石油储量的开采年限，作为东南亚第二大油气生产国的马来西亚将提供税收优惠来鼓励石油公司勘探那些利润较低的油田。马来西亚希望吸引包括马来西亚国家石油公司在内的油气公司来勘探马来西亚的“边际油田”。[①]这些所谓的“边际油田”其实都位于与中国有主权争议的南海海域。

在直接利用和开发海洋资源来推动经济发展的同时，马来西亚还十分重视对海洋科技的研究，希望通过创新本国海洋科技来更好地服务于海洋事务的管理以及提升本国的海洋产业能力。马来西亚政府积极筹划和成立了相关的部门和研究机构来促进本国的海洋科技能力的发展。2004 年，马来西亚在政府机构改革中成立了科技创新部，负责国家海洋科学事务。通过对海洋科技的重视与投入，马来西亚的海洋产业发展能力获得了不小的提升，尤其是在港口和航运产业更是发展迅速。2011 年马来西亚沿海工程集团（COASTAL）旗下的独资子公司，脱售两艘海工辅助船及两艘驳船，售价高达 9800 万林吉特，以令人羡慕的姿势重立海洋工程市场。[②]马来西亚国家海洋局（NOD）计划在未来继续在八个优先领域加强对海洋科技的研究与投入。[③]

（二）构筑海洋安全，为保卫国家提供“蓝色屏障”

海洋安全作为马来西亚国家安全的核心层面，已成为政府制定国家安全战略的重要考量和依据，也是其海洋战略的重要目标，保障海洋主权安全、经济安全、航道安全是其主要内容。马来西亚在海洋领土划界上与他国存在争议。其一是马来西亚与印度尼西亚在对苏拉威西海的两个小岛——西巴丹岛（Pulau Sipadan）和利吉丹岛（Pulau Ligitan）的主权归属存在争议。2002 年 12 月，国际法院审结了印度尼西亚和马来西亚两国对两岛的主权争执，两岛主权归属马来西亚。但这一结果在印度尼西亚国内激起了强烈的民族主义情绪，“（印度尼西亚）民族主义分子要求当时执政的梅加瓦蒂政府采取紧急措施确保岛屿与周边海域的主权（注：国际法院只是确定了两岛的主权归属，并没有确定两岛

---

① 马来西亚鼓励油气公司开发“边际油田”[EB/OL].（2010-11-15）http://www.gaschina.org/do/bencandy/ 2010-11-15.

② 马来西亚进军海洋工程市场 [EB/OL].（2011-07-15）http://www.210offshore.com/news/ 2011-07-15.

③ 马来西亚重视海洋研究与发展 [N]. 中国海洋报，2009-06-09（6）.

周围海域归属权的问题），并发表了大量耸人听闻的言论”。[①] 两国在安巴拉特海域的主权争夺上仍表现得十分尖锐，2005 年甚至在该海域发生激烈的军事对峙。其二是马来西亚与中国在南沙群岛一些岛礁的主权归属问题上也存在着争议。20 世纪 70 年代，受越南对中国南海岛屿侵占的刺激，马来西亚也开始蠢蠢欲动。1977 年，马来西亚派出一支小型舰队入侵南沙群岛进行考察和钻探活动，并先后在南沙群岛的弹丸礁等 10 个岛礁上树立“主权碑”。1979 年，马来西亚出版了一张新的领海和大陆架疆域图，把南海东南部 12 个岛礁划入其声称的领土范围。马来西亚侵占的是南沙群岛最南端的岛礁，中间隔着同样与我国有着南海争端的越南，因此认为即便在未来中国与南海“声索国”爆发冲突，马来西亚也不会首当其冲，在其所据有的岛礁受到攻击前，国际社会已经插手斡旋。因此，马来西亚对侵占南沙群岛岛屿的态度也就更加有恃无恐，在南沙群岛问题上也是小动作不断。除对岛屿主权进行争夺，马来西亚还希望通过对大陆架的划界来获得更多的海洋领土权益。2009 年 5 月 6 日，马来西亚与越南共同向联合国大陆架界限委员会提交 200 海里外大陆架“划界案”，企图将南海南部大片海域作为两国共同的外大陆架。马来西亚在对海洋领土的争夺中之所以不遗余力，是因为根据《联合国海洋法公约》规定，一个国家在岛屿拥有上享有 12 海里主权范围和 200 海里经济专属区，一旦多据有一个岛屿或多拥有一段大陆架就会获得巨大的资源利益和国家生存空间，对相关岛屿的主权以及相关经济专属区权益的争夺被马来西亚视为海洋安全战略的重要内容，且被明确地在马来西亚国防政策的目标中提出。

在与他国的传统的主权纷争之外，马来西亚也面临着各种来自海上并能对国家安全造成威胁的非传统安全问题。马来西亚政府近年来也意识到这些来自海上的非传统安全问题的挑战，成立了相关海上职能部门并加强与周边国家的合作。维护海洋经济安全和重要航道安全也是马来西亚海洋安全构成中十分重要的一环。马来西亚目前为出口导向型经济，国内经济的发展十分仰仗对外国际贸易，且其对外经贸活动高度依赖海上运输，约 90% 的贸易通过海运实现。进入 21 世纪以来，马来西亚政府愈加重视海上经济和航道安全，并投入大量精力。在马来西亚政府实施的《20 年海军发展规划》中就明确要求其海军提升多种防卫手段的

① Donald E Weatherbee. International Relations In Southeast Asia: The Struggle for Autonomy [M]. Maryland: Rowman & Littlefield Publishers, Inc，2005: 130.

能力，确保其海洋通道的畅通，有效维护马来西亚的海上安全。

（三）确保重要航道影响力，为国家影响提供“蓝色话语权”

通过对重要的国际航道和海域——马六甲海峡、南海以及苏拉威西海施加影响力，来维护国家安全，并借此在国际舞台上提升自身的国家地位是马来西亚海洋战略所追求的国际影响力的目标。首先，在提升对马六甲海峡的影响力方面，马来西亚有意借马六甲海峡的重要性制定一些政策和提出一些设想来提高其国际影响力。在国际环境中，中国和日本甚至包括美国等国家在内都对马六甲海峡存在严重依赖，但马六甲海峡并不太平，海盗活动也很猖獗。作为马六甲海峡的三个共管国之一，马来西亚有义务维护马六甲海峡的航行安全，保证正常的航行秩序。马来西亚通过大力排除外来国家在马六甲海峡上的控制企图，利用自身近水楼台的先天优势，有效施展对马六甲海峡的影响力，提高国家的影响力。其次，在提升对南海航道的影响力方面，南海航道是世界上最繁忙的国际航运水道之一，战略地位非常重要，确保南海航道的安全和畅通，是马来西亚促进国内经济发展的重要前提，也是马来西亚国家战略发展的必要条件。[①] 马来西亚在南海的另一战略诉求则是对南沙群岛提出领土要求。马来西亚侵占了我国南海十多个岛礁，侵占了我国许多南海权益。鉴于此，在马来西亚的国防政策中，南海海域属于国家战略利益的临近地点和区域地点，国防自主、区域合作和外来援助成为马来西亚维护南海安全和权益的三个原则。[②] 通过这些手段的运用，马来西亚在南海问题的解决中有着不可小觑的影响力。再次，加强对苏拉威西海域的掌控。虽然马来西亚和印度尼西亚在该海域的享有权上存在争端，但近年来马来西亚一直在加强海上军事力量建设，希望以此在该海域获得更有力的发言权。

二、马来西亚海洋权益维护的主要行动与举措

从根本上来讲，马来西亚海洋权益的维护取决于两方面的表现：一方面是马来西亚国力的支撑，即经济实力的表现；另一方面是软实力的表现，主要是政府维护海洋权益的战略意志和战略技巧。首先，从经济实力上来说，2014—2016 年马来西亚 GDP 增长速度分别达到 6.0%、5.0%、4.2%，其中，2016 年马

① 龚晓辉 . 马来西亚海洋安全政策分析 [J]. 世界经济与政治论坛，2011（3）：39.

② 龚晓辉 .2011 年马来西亚南海政策分析 [J]. 东南亚研究，2011（6）：24.

来西亚国内生产总值达到 11082 亿林吉特（以 2010 年平价计算），人均国民收入为 37759 林吉特（以当前价计算）。马来西亚国民经济在快速发展，其经济水平在东南亚地区排名靠前。马来西亚在 2010 年第十个五年计划中投入 10% 的政府支出用于国家安全建设。日渐充盈的国力为马来西亚海洋战略实施提供了愈加有力的支持。马来西亚近年来通过大力军购提升本国军力，重点提升海空军军力而且步伐在不断加快。在东南亚地区已经悄然领先的军事实力为马来西亚对相关海域的控制和对海洋事务的管理提供了较为有力的后盾。

其次，在战略意志和战略技巧方面。马来西亚的油气资源主要来自海上，其对外贸易也严重依赖海运，同时面临着海洋主权纷争、海洋生态保护、海上航道安全维护等问题。对马来西亚来说，财富来自海上，危险亦来自海上。马来西亚政府已经明确将海洋战略列入其“2020 宏愿”之中，提出了“维护海洋环境的稳定，不受限制地开发海洋资源和开展国际贸易”的战略构想。在战略技巧上,马来西亚表现得较为理性,面对不同的问题与挑战时能保持清醒的认识，手法也较为灵活。印度尼西亚与马来西亚在苏拉威西海域存在着主权争议，而两国又同为东盟成员国，在此问题上马来西亚表面上摆出大动干戈的架势，在争议海域进行军事演习，但当局却常常依靠外交渠道，从未下定决心引发冲突。在对峙的“双簧”之下，两国的关系仍靠经济合作来维系，形成斗而不破的局面。在南海问题上，马来西亚则是“闷声发大财”，对中国采取“不冲突，不退让”的原则，对实际控制岛屿不断进行巩固开发，并通过各种途径向国际社会强化其“实际占有”的形象，维护既得利益。但在另一方面，马来西亚在南海问题上不过分挑衅中国政府，也一直致力于问题的和平解决。马来西亚在南海问题上的处理手法使得南海问题没有成为中马两国关系发展的重大障碍，马来西亚得以成为中国在东盟地区的第二大贸易伙伴，享受发展红利。

从具体手段上来看，马来西亚主要采取通过采取海洋立法与加强海洋执法管理、海军现代化、区域合作与借助域外大国势力、利用国际海洋机制的作用等四个方面来实施海洋战略。

（一）坚持国防自主，加强海上军事力量建设

马来西亚皇家海军的主要任务是保卫领海和专属经济区，但是，在和平时期，也经常配合海事执法局、海上警察等部门在海上巡逻执法，有时也“越权”单独抓扣非法进入马来西亚海域的外国渔船。马来西亚坚持国防自主原则，加强

对海上军事力量的建设，在硬的军事实力上保持一定的威慑能力，为国家的海洋战略提供后盾和支撑。自20世纪90年代以来，马来西亚根据《军队20年（1990至2010年）发展规划》，按照“质量优先”的原则，加速推进海上力量建设。近年来，为了提高完成使命的能力，马来西亚海军不断从国外引进先进武器装备，努力提高其现代化水平。在最近的几年中，马来西亚海军先后从意大利引进了4艘轻型导弹护卫舰，从英国购进了2艘“莱库”级导弹护卫舰，向德国订购了6艘MEKO–A100轻型导弹护卫舰（马来西亚海军称巡逻舰，并计划采购多达27艘类似舰艇），从瑞典购买了5艘CB–90型巡逻快艇。此外，为弥补兵种单一的缺陷，马来西亚海军已经向法国和西班牙订购了2艘“鲉鱼”级常规动力潜艇，并将获得1艘旧式“阿戈斯塔”–70型潜艇，加速组建潜艇部队。为进一步增强海军航空兵的实力，马来西亚已从英国购买6架“超级山猫”–300型多用途直升机，从法国购买6架“非洲小狐”直升机，2008年又从俄罗斯购入18架苏–30MKM战斗机，并计划装备更多该型战斗机。面对近年来周边国家海军装备的升级，2011年马来西亚海军正式拟定6艘濒海战斗舰的采购计划，新引进的濒海战斗舰十分重视舰艇的隐形技术以应对周边国家换装新式舰艇的挑战。[①]不过，这批战斗舰要到2020年才全部完成。

马来西亚是东南亚地区继印度尼西亚和新加坡后第三个拥有潜艇的国家。最新型的2艘“总理”级潜艇“东姑阿都拉曼”号和“敦拉扎克”号分别于2009年1月和11月正式服役，配备水下导弹、鱼雷和水雷等武器，能够执行包括监控水域、收集情报、封锁海上交通线、进行鱼雷和导弹攻击、放置和部署水雷，以及进行海军特战队的特种作战行动等任务。但马来西亚海军的第一艘Scorpene级潜艇在2009年投入使用之前，竟然花了7年的时间才建造完成。

虽然马来西亚海军的舰队规模并不大，但与东南亚周边邻国相比，其现役战舰的火力在东南亚排首位。为增强区域竞争力，马来西亚海军计划在未来几年内把作战舰艇的数量增至90艘，届时将足以应付来自各方面的挑战。[②]

由于经济不景气，马来西亚近年来的国防预算受到压缩，2017年国防预算仅为36亿美元，同比下降12%。在此背景下，马来西亚海军只能将有限的经费用于正在进行的采购计划。按照马来西亚皇家海军计划，至2020年，马来西亚海军

① 马来西亚皇家海军将使用更加先进的军舰[N].（马来西亚）前锋报，2011–01–24.

② 临河．马来西亚海军[J].当代军事文摘，2005（2）：17.

将采购3艘近海护卫舰（其中2艘已经建造）、3艘近海多任务舰。在“十二五”计划（2021—2025年）中再建造3艘近海护卫舰、8艘近海多任务舰（LMS）、1艘多任务支援舰或者新一代巡逻艇；在“十三五”计划（2026—2030年）中将再增添5艘新一代巡逻艇、7艘近海多任务舰、2艘以上多任务支援舰；在“十四五”计划（2031—2035年）中将增添5艘新一代巡逻艇和1艘潜艇；在“十五五”计划（2036—2040年）中增添1艘新一代巡逻艇、1艘潜艇、4艘近海护卫舰；在“十六五”计划（2041—2045年）中装备2艘近海护卫舰以替换2艘新一代巡逻艇。[①]

马来西亚海军现代化一直进展比较慢，除了经费预算压力较大外，主要原因是中国与马来西亚在南海争端问题上采取了相对比较克制的态度。马来西亚的外部环境看起来并不是太坏，国内没有动力来促进其海军现代化。马来西亚海军与其说是在进行海军现代化，还不如说只是在努力保持既有的海军战斗力。

表6–1　1995—2015年马来西亚海空军装备一览表

海军					空军			
年份	舰艇数量（艘）	吨位	潜艇（艘）	吨位	≤3代战机（架）	≥4代战机（架）	预警机（架）	加油机（架）
1995	3	5360	0	0	74	18	0	0
2000	9	13080	0	0	32	25	0	0
2005	9	13080	0	0	36	23	0	4
2010	12	18184	2	3510	36	36	0	4
2015	14	21536	2	3510	29	36	0	4

注：水面舰艇是指包括轻型舰艇及以上吨位的舰艇，数量统计至2015年前，包括订购交货和正常退役的数量。≤3代战机指的是三代机或之前型号的战机，≥4代战机指的是四代机或之后型号的战机。

资料来源：The Military Balance 1995-2014 eds.; Jane's Fighting Ships 1995-2014 eds.

（二）积极开展海洋安全合作与寻求大国平衡

尽管马来西亚在提升本国海上军事力量的发展上下了很大的力气，但小国的现实条件使得马来西亚必须加强与他国的合作，依靠集体安全为自身海洋战略的实施提供助力。

① 马来西亚皇家海军.15到5以及升级近海多任务舰[EB/OL].http://www.malaysiandefence.com/15-to-5-and-lms/.

1. 积极与东盟国家开展区域性的海洋安全合作

在海洋战略的实施上，马来西亚也将区域间相关国家的合作视为一个有力的手段来加以运用。马来西亚是东盟重要的成员国之一，依托东盟一体化的框架最大限度地利用公共资源，减少自身安全成本的投入。这表现在马来西亚与他国抱团合力维护马六甲海峡航道安全以及在南海问题上鼓动其他东盟国家合作加强与中国谈判。1971 年，马来西亚、新加坡和印度尼西亚发表声明反对将马六甲海峡“国际化”，认为维护马六甲海峡的航行安全是沿途国家的义务，三个海峡共管国已经在这方面进行了大力合作，加强了交流与协调，建立情报交流网络，展开一系列海上安全巡逻，共同维护海峡安全。马来西亚海事执法局还与泰国、印度尼西亚和菲律宾等国进行跨国联合执法行动或演习，重点领域是围绕马六甲海峡海盗、武器和毒品走私，联合行动涉及马来西亚政府职能部门，包括水警、空警、马来西亚皇家海关、渔业局、海事处等，如与印度尼西亚政府的海洋和渔业部门联合开展执法行动。马来西亚和菲律宾政府每年沿着两国间重点海上边界进行联合巡逻。菲律宾政府派出菲律宾海军、菲律宾空军、菲律宾海岸警卫队和菲律宾海警，而马来西亚由海事执法局、皇家海军、皇家空军和水警等参加行动。

在南海争端问题上，马来西亚非常注重突出东盟国家的整体性，并积极策动相关东盟国家组成一个针对中国的“南沙集团”。由此可见，在南海问题上马来西亚并不想单打独斗，而是试图通过“合纵连横”抗衡中国。

2. 借助域外势力，寻求大国平衡

依靠引入区域外势力，除了可以节省海洋战略的实施成本，还可以在多方博弈中寻求对自己有利的时机。东盟国家家都是运用“大国平衡”战略的行家高手，马来西亚把引入区域外大国势力作为区域合作的重要补充，这一做法也体现在对其海洋战略的实施手段中。马来西亚希望从区域外大国获取包括训练设施、科技装备等的援助，并加强与区域外国家的国防关系，维持东南亚海域的力量平衡。马美之间的军事合作也在日益加强，2011 年，马来西亚共参加了三次与美国的联合军演。2015 年，马来西亚还与美国航母编队在南海举办年度双边联合演习。此后，马来西亚积极地回应美国的南海政策，支持美军进驻南海，以图借助美国抗衡中国在南海军事优势的战略目的。需要指出的是，马来西亚在借助区域外大国势力的同时，又努力保持较高的独立性。

3. 借助国际法和国际惯例

比如，在南海问题上，马来西亚玩弄混淆概念的手法，声称其据有的中国南海岛礁位于马来西亚大陆架之上，但实际上其违背了《公约》陆地支配海洋的原则，但马来西亚却坚持在这一点上大打舆论战。在苏拉威西海两小岛的争议中，国际法庭依据马来西亚对两个海岛进行的连续的实际管辖，将两岛的主权判属马来西亚。而在与新加坡的白礁之争中，马来西亚也是搬出历史依据来试图证明归属马来西亚，故在国际法庭上两国各执一词，争执不下。[①] 由此可见，马来西亚采用实用主义态度从中择取对自己有利的国际法规定。此外，马来西亚还积极努力获取在国际海洋秩序中的发言权，扩展其海洋利益的范围。马来西亚已成功举行四届马来西亚南极国际研讨会，可见马来西亚海洋战略的关注范围也在不断扩大。

三、马来西亚海洋权益维护与海洋执法的法律与体制

（一）马来西亚涉及海洋渔业管理的法律与机构

马来西亚已经制定了一系列涉及海洋的法律法规。对于海洋渔业和生物资源管理，马来西亚于 1985 年制定了《渔业法》，这是马来西亚渔业管理最全面的法律框架。1964 年至今，在《专属经济区法》和《渔业法》的框架下，马来西亚大约制定了 20 部法规，以支持渔业管理计划。这些法规对捕鱼、发牌、渔具装置、季节、地区规章、物种规定、对濒危物种的国际义务、建立海洋保护区（马来西亚有 40 个海洋保护区）、水产养殖和海水养殖都有明确的规定。对于海洋渔业和生物资源管理，主要依据《渔业法案》《渔民协会法案》《马来西亚渔业发展局法案》和《国家森林法案》。对于海洋执法活动，主要依据《移民法案》《警察法案》《马来西亚海事执法局法案》和《海关法》等 10 部法律（表 6–2）。

① 李金明 . 论马来西亚在南海声称的领土争议 [J]. 史学集刊，2004（7）: 71.

表 6–2　马来西亚海洋活动的相关法律法规依据

渔业和生物资源管理	渔业法案，1985（Act 317）
	渔民协会法案，1971（Act）
	马来西亚渔业发展局法案，1971（Act 49）
	国家森林法案，1984（Act 313）
海洋执法活动	移民法案，1959/63（1975 年修改版）（Act 155）
	国内安全法案，1960（Act 82）
	警察法案，1967（Act 344）
	海事执法局法案，2004（Act 633）
	军事演习法案，1983（Act 295）
	武力法案，1972（Act 77）
	刑事法案，1976（1997 年修改版）（Act 140）
	海关法，1967（1980 年修改版）（Act 235）
	证据法，1950（1971 年修改版）（Act 56）
	毒药法案，1952（1989 年修改版）（Act 366）

资料来源：Maritime Institute of Malaysia:Status of Maritime-Related National Laws and Maritime Conventions in Malaysia.

马来西亚涉及海洋的管理部门有不少，管理职能设置交叉重复，但大多都是从自身部门的管理职能出发设置的涉及海洋某一方面的管理机构。综合起来，主要涉及交通、矿产能源、渔业、安全等 16 个部门，具体见表 6–3。

表 6–3　马来西亚涉及海洋管理的部门

序号	英文名或马来西亚文	中文译名
1	Unit Perancang Ekonomi（EPU）	经济策划局（属首相署）
2	Malaysian Maritime Enforcement Agency	马来西亚海事执法局（属首相署）
3	Polis Diraja Malaysia	大马皇家警察（属首相署）
4	Jabatan Kastam Diraja Malaysia	大马皇家海关局（属首相署）
5	Unit Pencegah Penyeludupan（UPP）	缉私局（属国内安全部）

续表

序号	英文名或马来西亚文	中文译名
6	Jabatan Imigresen	移民局
7	Angkatan Tentera Laut DiRaja Malaysia（TLDM）	皇家海军（属国防部）
8	Angkatan Tentera Udara DiRaja Malaysia（TUDM）	皇家空军（属国防部）
9	Kementerian Tenaga, Air Dan Komunikasi	能源、水务与通信部（能讯部）
10	Jabatan Perikanan Malaysia	渔业局（属农业部）
11	Lembaga Kemajuan Ikan Malaysia（LKIM）	渔业发展局（属农业部）
12	Direktorat Oceanografi Kebangsaan（NOD）	国家海洋局（属科学工艺与革新部）
13	Jabatan Laut Semenanjung Malaysia	半岛海事局（属交通部）
14	Jabatan Laut Sarawak	砂拉越海事局（属交通部）
15	Jabatan Laut Sabah	沙巴海事局（属交通部）
16	Bahagian Taman Laut	海洋公园局（天然资源与环境部）

（二）马来西亚海洋执法力量与基本体制

马来西亚以多部门协调管理作为海洋管理的基础，海洋执法以海事执法局为中心，其他部门协调配合开展相关执法行动。

1. 马来西亚海洋执法力量

马来西亚海洋执法力量主要是马来西亚皇家海军、马来西亚海事执法局、马来西亚皇家警察这三支队伍。此外，马来西亚皇家海关也具有海上缉私执法职能。马来西亚海洋执法部门是首相（总理）署下属机构（表 6–4）。

表 6–4　马来西亚首相署下属海洋执法机构

Malaysian Maritime Enforcement Agency	马来西亚海事执法局
Tentera Laut Diraja Malaysia	大马皇家海军
Polis Diraja Malaysia	大马皇家警察
Jabatan Kastam Diraja Malaysia	大马皇家海关局
Maritim Malaysia	大马海事部门
Jabatan Imigresen Malaysia	大马移民局

跨部门联合行动主要由海事执法局、皇家海军、皇家空军、水警和空警组成。该行动的重点是实施海洋执法行动以维护海洋法律规定的海域安全。行动目标是针对他国尤其是来自邻国的非法捕鱼。

2. 马来西亚海洋执法基本体制

马来西亚隔南海分为东马与西马，与印度尼西亚隔马六甲海峡，海岸线长 4810 千米，设有 5 个基地，以下为其执法制度的基本特征。

（1）集中制。马来西亚设立海事执法局为专责海域执法单位。

（2）岸海分立。马来西亚成立海事执法局的目的便是要将海域任务交予专门负责的单位处理，因此海事执法局的权限仅限于国家海域。

（3）部委级机构。海事执法局直接向首相（总理）负责。

（4）以领海执法为主，其他水域次之。维护领海秩序与安全的主要任务由海事执法局负责，海军会协助专属经济区执法。但是，部分法律如渔业法、大陆礁层法规定海事执法局可以超越领海执法，并不全然限制在领海执法。

（5）国内政府单位间协作及与邻国密切合作。为维护领海秩序，海事执法局经常与其他海上机构合作与协调，诸如海军、海关、渔业部门、海事部门、环保部门及马来西亚“海事协调执法中心”，有关海岸联合驱逐行动则由“海事协调执法中心”负责，包括陆、海、空、警各部门。马来西亚海警除了与国内政府单位密切合作外，亦与邻国联系密切，每年召开正式会议、联合巡逻和人员交流，这些邻国包含印度尼西亚、泰国、新加坡、文莱、菲律宾等，另与美国、日本、韩国等国家也有合作关系。

（6）海滩搜救。设有专职单位的海事执行代办处处理海域搜救任务，并与其他海事单位合作。

3. 马来西亚海洋执法部门的衔接运作机制

马来西亚作为联邦国家，有三级政府管理体制，即联邦政府、州政府和地方政府。联邦政府的主要职能是制定统一的管理实施方案和规划。由于海洋涉及的专业领域很多，马来西亚的海洋行政管理仍然是多部门专业技术管理体制。海洋执法的重点是建立渔业管理和海上执法力量的关联机制。目前，马来西亚已经明确海事执法局是维护领海秩序与安全的主导力量。海岸联合驱逐行动则由“海事协调执法中心”负责，包括陆、海、空、警等各部门，执行长人选在海军少将中产生。

概括起来，马来西亚维护领海秩序与安全的主要任务由海事执法局负责；专属经济区执法则由海军协助，有关陆海空联合驱逐行动则由“海事协调执法中心”负责，海域搜救行动主要由海事执行代办处，渔业执法则由渔业局的执法部门负责，涉及非法移民事件的移民局也参与执法。最后，海事执法局除负责领海事务外，另外还执行岛屿、独立海滩和近岸区域步行巡逻任务，以及海上、河川不易抵达地区的交通运输任务。

（三）马来西亚海洋权益维护与执法体制的优势与不足

马来西亚海洋管理是建立在以海事执法局为中心的多部门协调管理行动体制的基础上的，这个体制还在逐步完善之中，既有优点，也存在一些问题。

1. 马来西亚海洋权益维护与执法体制的优势

马来西亚建立了以海事执法局为中心的海洋管理体制之后，其优点逐步体现出来。

（1）不断完善有关海洋管理的法律法规。涉及海洋渔业方面，能以法律的形式管理的，一律制定法律规范管理。除了《渔业法》和《专属经济区法》外，还有《渔业（海洋养殖系统）条例》《渔民协会法案》《渔业（禁区）条例》《海岸公园及海岸保护区条例》《渔业（濒危物种的鱼类管制）条例》《海洋渔业（本地渔船的发牌）（修订）条例》和《渔业（禁止进口鱼等）条例》等 20 多部法律法规。依托法律实施海洋渔业管理，并在亚洲建立了较好的综合发牌系统（通过 ISO 9000 认证），还采用了国际渔业管理的原则和行动计划。其他的，还有《海事执法局法案》《海洋公园法案》等。因此，在海洋渔业方面，马来西亚比我国的法律法规更为全面和规范。

（2）海洋管理体制向综合管理和综合执法职能的方向发展。成立海事执法局体现了马来西亚政府对相关机构进行精简、合理配置现行的组织和机构的决心。“十五”期间，马来西亚政府开展了一次针对所有政府部门和机构的审计工作，厘清政府角色、职能、差距和重叠等问题，精简重叠的或职能多余的机构，建立了一个灵活的政府，提高决策和执行的速度。因此，随着海事执法局的运行逐渐步入正轨，马来西亚还将进一步对涉及海洋执法和管理的政府机构、部门进行整合，以提高海上执法的效率。

（3）重视加强海洋渔业和海洋执法的国际合作。马来西亚每年都与相邻国家开展海洋执法行动或演习，与泰国、印度尼西亚、菲律宾开展针对不同目的的执法或演习，这样可以学习和了解邻近国家海洋执法的能力和技术水平。

2. 马来西亚海洋权益维护与执法体制的不足

总体上，马来西亚海洋管理体制正在逐步向积极的方向发展，但长期遗留下来的痼疾仍然难以全面改变，存在的缺点和问题主要有以下几个方面。

（1）海洋管理机构繁多，政出多门。目前，尽管海事执法局已经成为马来西亚主要的海上执法机构，可以通过其下属的海事协调执法中心与其他管理执法机构沟通协调执法行动，海事执法局每年还与皇家海军、皇家空军、海事部门和水警等执法部门联合进行执法行动或演习。但是连同其在内，依然有 12 个政府部门直接或间接参与海洋管理。这些机构在海上都使用相同或相似的技术、面临相同的挑战，在相同的国际条约和本国海事法律框架下运转，在一定程度上造成了资源和管理的重叠和浪费。这些部门协调起来也相当困难，造成行政效率降低。

（2）海事执法局装备落后，远洋执法能力不足。海事执法局相当于一个准军事组织，但其重要性不如海军，因此，其大多是使用海军淘汰下来的老旧落后装备。这样的装备很难开展长期和远洋执法，降低了海洋执法的覆盖面。

（3）海事执法局协调海军、空军、警察难度较大。马来西亚海事执法局的总干事由具有上将军衔的军职人员担任，但海事执法局毕竟属于文职机构，协调指挥军警机构难免会不适，且军警不易服从。

（四）对我国海洋执法体制改革的启示

尽管马来西亚的海洋管理体制并不是十全十美，但其不断进步的趋势对我国海洋管理体制的建立仍然具有不少借鉴意义。

1. 海洋管理体制向综合管理和综合执法职能的方向发展

成立海事执法局体现了马来西亚政府对相关机构进行精简、合理配置现行的组织机构的决心。因此，随着海事执法局的运行逐步步入正轨，马来西亚还将进一步对涉及海洋执法和管理的政府机构、部门进行整合，以提高海上执法的效率。目前，我国在海洋管理体制方面仍然是专业管理部门多、政出多门、互相之间配合不好，导致海洋执法存在很多漏洞。马来西亚成立海事执法局这一综合执法机构这一点对我国海洋管理体制改革发展具有较大的借鉴意义。

2. 加强海洋管理部门和海洋执法机构之间的协调和配合

由于明确了海事执法局是海洋执法的主导力量，因此海事执法局可以通过其下属的海事协调执法中心与其他管理执法机构沟通协调执法行动。海事执法局每年还与皇家海军、皇家空军、海事部门和水警等执法部门联合进行执法行动或演习。我国海洋管理执法部门之间在这方面做得还不好，各自为政的多，联合行动的少，执法力量分散、单个执法部门力量弱，造成出海执法没有形成常态化，很多海域出现执法空当，无人管理。建议我国海洋管理部门和海洋执法部门之间要加强协调与行动配合，采取海洋联合执法行动，一是可以采取渔政、海监、海警等部门统一编队巡逻执法；二是在某一专业执法部门中配置其他部门的执法人员，几个部门执法人员同船出海执法。

3. 不断完善有关海洋管理的法律法规

马来西亚制定有关海洋管理的法律法规比我国早，相对完备一些。涉及海洋渔业方面，能以法律的形式管理的，一律制定法律进行规范管理。因此，在海洋渔业方面，马来西亚比我国的法律法规更为全面和规范，我国应该学习其在海洋管理特别是在海洋渔业管理方面的一些成功的做法。在海洋执法方面，以立法的形式建立海洋执法机构也是值得借鉴的。

4. 加强海洋渔业和海洋执法的国际合作

建议我国加强与周边国家在海洋管理和海洋执法方面联合行动或演习，也借此学习了解周边国家海洋管理和海洋执法的一些先进经验。特别是加强与越南、马来西亚、印度尼西亚、泰国等国家在海上非传统安全领域的合作。

对于海洋渔业方面，应加强与马来西亚的合作。2005 年中国和马来西亚发表的《中华人民共和国和马来西亚联合公报》、2011 年 5 月签署的《中华人民共和国政府和马来西亚政府关于扩大和深化经济贸易合作的协定》等都有渔业合作内容，渔业管理部门要以落实中马两国合作协议为契机，建立海洋渔业合作机制。这些合作机制有政府间的合作，也有行业协会、民间的合作，有贸易合作，也有技术合作。合作形式可以是互访考察、年会、渔业论坛等，通过机制来加强渔业管理部门、渔业企业和行业协会的往来与交流，增加互相了解，为双方企业提供合作平台。

第七章　文莱、泰国的海洋战略和对海洋权益的维护

一、文莱海洋权益维护的目标

文莱位于加里曼丹岛西北部，南部、西部、东部与马来西亚的沙捞越州相连，北部与中国南海相连，中部被马来西亚沙捞越州的林梦地区相隔离，拥有文莱湾及海岸线约 162 千米，文莱国土面积为 5765 平方千米，2018 年人口仅为 42.27 万[①]。上天给予文莱丰厚的赐礼，文莱海域蕴藏着丰富的石油和天然气资源，油气资源开采是文莱国民经济的支柱产业。截至 2016 年底，文莱已探明石油储量为 11 亿桶；天然气储量为 3000 亿立方米，均占全球总量的 0.1%。近年来，文莱石油日产量控制在 20 万桶以下，是东南亚第三大产油国；天然气日产量在 3000 万立方米左右，为世界第四大天然气生产国[②]。文莱 1984 年 1 月 1 日独立后，于同年 5 月 12 日签署了 1982 年《联合国海洋公约》（以下简称《公约》），宣称拥有 200 海里专属经济区和直至大陆架外缘的水域，并于 1996 年正式批准了该公约。文莱作为小国更多地采取双边谈判或者国际合作的方式来维护海洋权益。这也决定了文莱海洋权益维护的重要目标就是开发海底丰富的油气资源和发展有限的海军力量维护国家海上安全。

二、文莱海洋权益维护的法律法规

（一）关于文莱的领海的立法

文莱将 1958 年英国宣布的文莱与马来西亚沙捞越和北婆罗洲（沙巴）的大陆架边界作为其与邻国马来西亚的领海界线，该大陆架边界穿越领海的部分也

① 中国外交部 . 文莱国家概况 [EB/OL]. http://www.fmprc.gov.cn/web/gjhdq_676201/gj_676203/yz_676205/1206_677004/1206x0_677006/.

② 同上。

是领海的分界线。1982年，文莱签署了《公约》，同年文莱颁布了《领海法》，其中规定文莱的领海为12海里，领海基线、外缘界限及范围，以政府公布的大比例尺地图为准。[①] 文莱强调根据国际法确定领海基线，其大陆架范围为延伸至超过200海里的大陆架外缘。

（二）关于文莱的大陆架的立法

文莱的大陆架也是由其保护国英国规定的。1958年9月，英国发布枢密院令，宣布了文莱的大陆架范围，规定文莱大陆架以陆地边界为起点，向海上延伸直至183米等深线处。这个深度非常接近1958年日内瓦大陆架公约规定的200米深度标准。文莱与沙巴之间的界线基本上是一条与测算文莱与马来西亚领海宽度的基线上的最近点距离相等直线。文莱与沙捞越之间的界线，开始时沿等距离线向海上延伸，在13.3米等深线处偏离等距离线向西北方向延伸直至183米等深线处。这条边界离开等距离线向西偏离，使文莱增加了300平方海里的海域面积[②]。1958年的英国声明同时划定了文莱和马来西亚在文莱湾的海上边界。1979年马来西亚公布的关于其领海和大陆架地图，标示了1958年英国主张的关于文莱的大陆架范围，马来西亚主张的领海、专属经济区和大陆架没有同文莱的大陆架范围发生重叠。

（三）关于文莱与其邻国或相向国家的海洋权益争端

文莱在建立自己的海洋法律制度的过程中，面临的主要问题是同相邻或相向的国家划定海洋边界，相向的国家主要是中国。1983年1月1日文莱颁布《渔业法》。按照《渔业法》的规定，从海岸线算起200海里范围内为文莱渔业作业范围区域。1984年1月，文莱脱离英联邦独立。独立后的文莱于1987年、1988年发布了3张海图来标示其声称的范围，包括领海、大陆架范围和专属经济区。这3张海图与1958年英国枢密院宣布的文莱的领海、大陆架范围基本吻合。文莱在南海拥有约162千米长的海岸线，而中国南沙群岛的南通礁距离文莱海岸只有80多海里，按其声称的主张200海里的专属经济区，则与我国南海海域存在重叠和岛屿归属的主权争议。文莱认为“从其海岸外以一条走廊的形

① 吴士存．南海问题文献汇编[M]. 海口：海南出版社，2001：363.

② 杨金森，高之国．亚太地区的海洋政策[M]. 北京：海洋出版社，1990：91.

式延伸出 200 海里，至南沙群岛的南部，包括了南薇滩和卡拉延的一小角”[①]。文莱声称对南沙群岛岛链南端的路易莎礁（中方称南通礁）拥有主权，并分割南海海域 5 万平方千米，相当于文莱国土面积的 8.6 倍。文莱因开采南沙群岛油气而致富，目前已开发油田 9 个（其中两个油田在中国断续线内）、天然气田 5 个，年产原油 700 多万吨，天然气 90 亿立方米[②]。文莱与中国存在南海争端的争议岛屿是南通礁，距离文莱 120 海里，距离越南 408 海里，其东北部、西南部高出水面 1 米。文莱宣称拥有南通礁主权，依据是文莱与马来西亚签订的置换条约。同时，国际上对南通礁到底定义为岛屿或礁还是低潮高地存在争议。如果定义为岛的话，则拥有 12 海里领海、200 海里专属经济区和相应大陆架的权利。如果定义为礁的话则，只拥有 12 海里领海。如果定义为低潮高地，则不拥有领海及相应权利。

文莱虽然没有在南沙群岛岛礁建立军事哨所，但是实际上对南沙群岛岛礁争端予以密切关注，文莱政府高层不断发表有损中国海洋主权的讲话。如，1992 年 1 月，文莱时任外交大臣穆罕默德·博尔吉亚（Prince Mohamad Bolkiah）亲王就宣称，文莱计划与联合国签订一项备忘录，并计划与澳大利亚、新西兰、英国和新加坡加强双边防御关系以增强保卫文莱海洋权益的能力。这实际上宣示着文莱作为南沙群岛主权“五国六方”声索国之一，并力图巩固和加强在南沙群岛的战略地位[③]。基于中国对南沙群岛的历史性所有权以及行政管辖权，文莱如马来西亚、越南、印度尼西亚那样，在南沙群岛海域单方面的主张在国际法上是无法律根据的，是站不住脚的。

相邻的国家主要是马来西亚。文莱与马来西亚基本遵守着殖民时期的海洋边界划分，但马来西亚在其 1979 年出版的大陆架地图中，将婆罗洲（沙巴）海岸外 200 海里外的水域包括文莱海岸外的水域划为管辖范围。英国政府在 1980 年 8 月和 1981 年 5 月代表文莱政府向马来西亚提出抗议，声称文莱的大

① Jianming Shen. International Law Rules and Historical Evidence Supporting China’s Title to the South china Sea Islands[J]. Hastings International and Comparative Law Review, 1997, 21（1）: 64–65.

② 吴士存 . 南沙争端的起源与发展 [M]. 北京：中国经济出版社，2010：150–151.

③ Bob Catley，Makmur Keliat. Spratlys: The Dispute in the South China Sea[M]. Aldershot : Ashgate Publishing Limited ，1997: 105–106.

陆架应为1958年协约中规定的界线向外延伸至与他国的中间线，即英国认为应该为马来西亚所声称的53基点和54基点两点间的连线，随后文莱开始与马来西亚谈判解决重叠的海域界线划分。1987—1989年，文莱与马来西亚举行了数轮双边正式会谈并取得了部分进展。虽然两国政府并未发表任何正式的官方谈判成果，但1992年2月，文莱苏丹同意与马来西亚政府就海域划界成立联合委员会[①]。直至2009年，文莱与马来西亚签署互换文件，规定文莱的领海、200海里专属经济区和200海里之外的大陆架的划界，内容包括油气商业开发区块的确立，文莱与马来西亚陆地边界的划分，以及马来西亚居民在尊重文莱法律的前提下，享有通过文莱海域至马来西亚沙捞越的权利。

三、泰国海洋战略目标的形成

泰国地处东南亚的中心，地理位置非常特殊，其东北部与老挝相邻，西北与缅甸交界，东临柬埔寨和泰国湾，西临安达曼海，南部与马来西亚接壤。泰国坐拥两洋，海岸线分为东西两段，共长2614.4千米，其中，东侧太平洋海岸线1874.8千米，西侧印度洋海岸线739.6千米。独特的地理位置和丰富的海洋资源决定了海洋对于泰国可持续发展的重要性，也直接影响着泰国海洋战略的形成。

20世纪以来，大量海底油气资源的发现使各国对于海洋的兴趣急剧升温，针对海洋利益的争夺更趋激烈，海洋对泰国国家安全和未来发展的重要性使泰国海权意识不断增强，但泰国独特的地缘特征、历史文化传统以及现实政治经济利益深深地影响着泰国海洋战略的形成。随着时代的变迁和国际格局的深刻变化，泰国海洋战略的目标也在不断地演进调整。

（一）地缘安全因素

泰国自古以来就被视为进入印支半岛的门户，地理位置极为重要。泰国的海域面积约占陆地国土面积的五分之一，海岸线被马来西亚和新加坡分割为东西两段。《联合国海洋法公约》[②]的颁布，使泰国不得不与周边的国家共享专

① 同时还签署了国防、信息交换、教育以及航空服务等4个合作文件，见*Business Times*，1992-02-15.

② 《联合国海洋法公约》自1982年颁布，泰国国会在2011年审议通过施行。

属经济区。东南亚地区有四大主要海上通道：马六甲海峡、望加锡海峡、巽他海峡和龙目海峡，而泰国主要的港口均坐落于泰国湾腹地，距离最近的马六甲海峡也有 400 海里，其 70% 的进出口货物需要通过新加坡转运①。而泰国湾最宽处也仅有 240 千米，极易受到封锁，无论是在海洋还是陆地，泰国均处于周边国家的包围之中，海域面积广阔、海岸线漫长使泰国的国家安全面临考验，因此泰国在制定海洋战略时顾忌颇多，既不能激化与周边国家的矛盾，又要维护自身的安全和海洋权益。在传统安全领域，泰国和柬埔寨关于柏威夏寺的争端从未平息，2008 年以来不时发生冲突甚至造成双方人员伤亡②。而缅甸境内的民族冲突导致大量难民涌入，海陆偷渡问题时有发生，给泰国社会稳定带来严重的影响，这些潜在的隐患都极可能引发两国之间的冲突，进而殃及泰国在泰国湾和安达曼海的切身利益；911 事件和巴厘岛爆炸案发生之后，非传统安全问题迅速升温，成为泰国海洋安全的重大困扰，活跃在泰马交界的伊斯兰激进组织意图从海路向内陆渗透，策划恐怖活动③。马六甲海域附近的海盗也严重威胁着泰国渔船、商船和交通航线的安全。走私、贩毒、偷渡等跨国犯罪问题已使非传统安全威胁超越传统安全威胁，成为泰国海洋安全的最大挑战。

（二）历史文化因素

泰国的海洋战略思想深受国家政治文化的影响，而政治文化又根源于历史文化传统。在泰国的历史长河中，皇权制度维系了长达 7 个世纪之久，这导致了权威主义盛行，近代的民主化改造没能让泰国人改变这种根深蒂固的传统观念。另外，泰国以佛立国，素有“黄袍佛国”之称，佛教宽仁的思想也融进了泰国社会文化的各个角落，其战略思维也无处不彰显着“和平主义”的色彩。泰国社会如同一个家庭，国王犹如家长般关爱子民、乐善好施，受到子民的尊敬和爱戴，而子民则把国王看作保护者和主宰者，地位和权威不容侵害。泰国的社会文化倾向于传统的保守主义，甘于屈从命运，容易满足现状，加之佛教

① Joshua H Ho. The Security of Sea Lanes in Southeast Asia[J]. Asian Survey, 2006,46（4）: 558–574.

② 杨勉 . 柬埔寨与泰国领土争端的历史和现实——以柏威夏寺争端为焦点 [J]. 东南亚研究，2009（4）:4–8.

③ 约翰·芬斯顿 . 马来西亚与泰国南部冲突——关于安全和种族的调解 [J]. 南洋资料译丛，2011（2）：39–47.

思想中，反对冲突、流血，强调温良恭俭让，与人为善，使“顺从”“被保护”“被支配”的观念传统深入人心[①]。自素可泰王朝以来，泰国长期奉行“以夷制夷”的对外方针，而其核心原则即与强国保持一致，接受强国的庇护。正是基于这样的战略思维，19 世纪的泰国在西方列强的觊觎之下奇迹般地保持了国家的独立。

（三）利益因素

20 世纪 70 年代泰国工业化稳步推进，经济发展成就举世瞩目，一跃成为“亚洲四小龙”之一，但泰国属于出口导向型经济，严重依赖国际市场，1997 年亚洲金融风暴对泰国经济的致命打击，使对外出口成为恢复经济增长的最有效手段。根据泰国银行的统计数据，泰国 2011 年进口总额为 2019 亿美元，出口总额 2254 亿美元，因此贸易航线的畅通与其经济安全密不可分；另一方面，海洋资源的开发给泰国带来巨大的经济利益。作为世界上最主要的渔业国家之一，2002 年之前泰国是全球最大的水产品出口国，其渔业产量中的 90% 来自海洋渔业，泰国湾和安达曼海是泰国最主要的渔场作业区。80 年代，邻国纷纷采纳了 200 海里专属经济区，这使泰国的渔场面积骤减 30 万平方千米，大量渔业捕捞被限制在狭小的渔场区域，加之近年来过度捕捞，渔业资源面临枯竭，海洋渔业的发展面临瓶颈。部分渔民非法潜入中国南海以及越南、缅甸、印度尼西亚等国沿海水域捕鱼作业的现象频繁发生，引发与邻国的利益纠纷[②]。此外，濒临两洋、岛屿众多，这样得天独厚的地理位置使泰国成为旅游胜地，2010 年到访的外国游客同比增长了 12.44%，达到 1584 万人次，旅游创收 180 亿美元，占当年 GDP 的 5.7%。泰国湾丰富的油气资源也为泰国经济运行提供能源保障，80 年代以来，在泰国湾附近海域先后发现了 15 个油气田，天然气总储量约为 3659.5 亿立方米，石油储量高达 2559 万吨。开发利用海洋资源，既可缓解石油产量不足带来的供需矛盾，也可化解国际市场油价波动对泰国经济的冲击，海洋对于泰国的经济安全意义愈加重大。

---

① 张锡镇 . 东南亚政府与政治 [M]. 台北扬智出版社，1999：249-252.

② 特德·L·麦克德曼 . 200 海里专属经济区损害了泰国渔业 [J]. 吴天青，等，译 . 高汉升，校 . 东南亚研究，1987（4）：52-55.

（四）泰国海洋战略的目标与内容

泰国的海洋战略在内容上与其切身利益紧密结合，着重体现在安全和经济两个层面[①]。在安全层面，泰国积极倡导以和平方式解决潜在的矛盾冲突，当彼此在海洋区域的划分上的问题存在争议时，应尽可能减少分歧，通过联合开发实现共同的利益。此外，全方位地提升和邻国的海洋安全合作，通过东盟地区论坛（ARF）、西太平洋海军论坛（WPNS）、亚太安全合作理事会（CSCAP）等安全论坛促进互访，促进旅游、教育、培训等领域的交流合作，以推动安全和平的海洋环境的构建。同时，与邻国在交界海域开展联合巡逻和执法活动，打击海盗走私等海上犯罪活动[②]。在经济层面，则是保障贸易航线的安全，保持对于离岸交通线的有限控制能力。此外，海洋战略上给渔业以更大力度的支持，另外，通过与其他沿岸国家实现联合捕捞作业，使专属经济区内的渔业保护措施能够严格执行[③]。积极开发利用深海能源和保障能源运输通道的畅通，确保能源供应在合理的价格区间之内，同时要提升石油泄漏事件的应急处置能力，严密防止对渔业和旅游业造成的不利影响。

泰国的海洋战略深深地植根于它的地缘特征和文化传统因素之中，随着时代的变迁而不断调整变化。19 世纪泰国临岸筑垒以求自保的被动海洋战略最终未能抵挡船坚炮利的西方殖民者，维护国家安全这样单一的海洋战略目标既不能有效维护国家海洋权益，也无法应对纷繁交错的传统和非传统领域的安全威胁。伴随着冷战结束，安全环境的改善，经济利益在泰国的对外战略中成为主导因素，泰国在立足东盟开展全方位外交的同时，提出了以打造和平的海上环境为主要目标的海洋战略。具体可描述为建设一支“蓝水海军”作为海上安全部队的主体，通过整合内部资源，深化对外合作，综合运用各种手段，维护国家领土主权完整，维护海上安全、海洋权益保护、应对可能的海洋威胁，为国家的经济建设和社会发展提供和平的海洋环境[④]。

---

① 马嫈．试析东盟主要成员国的海洋战略 [J]. 东南亚纵横，2010（9）：11-15.

② Mushahid Ali. Maritime Security Cooperation The ARF Way[J]. Idss Commentaries, 2003（7）.

③ 同上。

④ 虞群，王维．泰国海洋安全战略分析 [J]. 世界政治与经济论坛，2011（5）：65-77.

四、泰国海洋权益维护的主要行动与举措

冷战结束以后，国际环境发生了巨大的变化，泰国审时度势迅速调整对外政策方针，在坚持独立自主的大国平衡战略的同时，以打造和平的海洋环境为目标，先后颁布了《国家安全政策》《国家海洋安全政策》和《海军司令部政策》等一系列政策文件，为维护国家海洋安全和利益提供战略指导和行动依据。在策略上，内外兼修，壮大自身实力与外部安全合作相结合。

（一）推动海军现代化，加强海洋管理

早在16世纪中期，泰国就尝试把大炮架设在驳船上用于沿海防御，1893年法国入侵使泰国加快了海军现代化的步伐。20世纪90年代后，为了适应冷战后地区安全形势的变换，泰国开始实施了“蓝水海军”发展计划，把建设一支具有远洋作战能力的海上力量作为首要目标，将海上防务向远洋推进。1997年金融危机爆发前，泰国经济的繁荣为海军发展提供了雄厚的财力支持，政府首先集中财力购置了一批导弹护卫舰、巡逻艇以及巡逻反潜机和舰载直升机，使泰国海军的作战范围突破泰国湾的局限。之后泰国又与西班牙巴赞造船公司签署了航母的建造合同，1997年8月东南亚的第一艘航空母舰——“却克里·纳吕贝特”号轻型航母正式服役，并为之从美国购置了“诺克斯”级导弹护卫舰和从中国购置排水量2万吨的综合补给船“锡米兰”号，建立了航母战斗群，提高了泰国海军远洋巡逻的能力，确立了区域海上优势。泰国海军积极加强海军航母能力建设，高度重视海军航母群进行人员运输、海上支援、海上救援等任务，以更好地在海域上空执行侦察、反潜、预警、歼击等作战任务，夺取和保持海洋制空权，以配合水面舰艇展开作战行动。2011年4月，泰国国防委员会批准了从德国引进6艘潜艇的计划，提升泰国海军的水下作战能力，实现海军三维立体作战能力。目前，泰国已经建成了一支以直升机航母为核心，以驱逐舰、护卫舰和潜艇为骨干的远程作战力量，泰国海军由此具备了海陆空的立体攻防能力和远程打击能力[①]。

泰国在推动海军装备现代化的同时，积极拓展海军职能，优化指挥体系，以实现海军作战指挥的高效率和机动性。泰国国防部规定，海军是维护国家海上安全的主力军，集军事职能、维稳职能和外交职能于一身，担负着保卫国家

① 何立波，王再华．世界简史（第13卷）[M]. 长春：吉林摄影出版社，2001：3724.

海洋安全和海洋资源，打击海上犯罪和恐怖主义活动，参与双边和多边军事合作的职责。在指挥体系方面，泰国于 1992 年设立了海岸防御和对空防御指挥部与海岸警卫指挥部，专司海岸防空防御和领海、经济区巡逻[①]。国防部 1997 年出台《1998—2007 年军队十年发展规划》，对泰军的编制体制进行调整，理顺国防指挥机制，加强国防部对军队的实际指挥、控制和协调能力。2003 年，又推出新的国防部工作细则，改组重建最高司令部。2004 年，泰军为适应新时期现代局部战争的需要，提出了“统一指挥、分散行动”的作战理念，将现有指挥体系由“垂直结构”调整为“水平结构”，减少指挥层级，缩短指挥链条，进一步明确指挥机构及人员的职能和任务。泰国还注重整合资源，于 1997 年设立了直接隶属国家安全委员会的“维护海洋权益执勤协调中心”，对涉海事务进行统一管理，改变了以往部门之间缺乏协调、各自为政的局面。该中心的指挥部下设三个区，对口负责泰国湾北部、泰国湾南部和安达曼海海域的海洋事务[②]。冷战后泰国在对外战略目标上，由“本土防御”向“海洋和本土综合防御”转变，将保卫经济建设和维护海洋权益作为重点目标。

（二）深化外部合作，奉行大国平衡策略

泰国一直着力推进东南亚的一体化进程，提升东盟区域内部合作，努力把东盟打造成为一个整体，这不仅有助于泰国和区域外国家合作的开展，也有利于增进泰国和邻国的友好关系。早在 1979 年泰国和马来西亚就针对泰国湾的重叠区域，签署了《关于两国在泰国大陆架之特定区域之海床进行勘探资源并设立联合机构的谅解备忘录》，主张通过合作开发重叠海域的资源，就此，双方将此区域作为共同开发区建立联合管理机构，并于 1994 年 4 月正式运作。同年，泰国与柬埔寨在两国争议海域设立共同开发区，就共同开发海洋资源进行磋商。2001 年的 911 事件和 2002 年巴厘岛爆炸案发生之后，泰国和邻国在非传统安全领域的合作迅速展开，并签署了地区反恐协议，目前在禁毒、打击走私偷渡和海盗等方面的合作广泛开展，不断深化。

泰国与大国交往一直奉行“大国平衡”的策略，这一策略可追溯至泰国素可泰王朝以来“以夷制夷”的对外方针。泰国国小力微，难以与强国抗衡，不

---

① 韩东．东南亚海上劲旅——泰国海军 [J]. 东南亚纵横，2001（11）：34-34.

② 虞群，王维．泰国海洋安全战略分析 [J]. 世界政治与经济论坛，2011（5）：65-77.

得已只能八面玲珑与人无争，现如今已成为泰国与大国交往的重要准则[①]。第二次世界大战结束之后，泰国迫于抵御“共产主义”的威胁而不得不倒向美国，越战后美国势力逐步从东南亚撤出，对泰国的控制有所松动。泰国与中苏积极改善关系，一方面为缓和意识形态冲突获得了和平的发展环境，另一方面则利用美国、中国、苏联相互制约，防止一方势力过大。冷战结束后，泰国保持在安全和经济上对美国依赖的前提之下，积极发展对华关系，并于2003年10月成功地推动中国成为《东南亚友好合作条约》的第一个区域外缔约国，同年与印度签署了自由贸易协定。为了防止对中国市场和投资的过度依赖，泰国积极与日本、韩国等区外国家开展经济合作，2007年4月与日本签署了《泰日经济合作伙伴协定》，在10年内逐步取消了日本从泰国进口海产品以及农产品的关税，在美国主导下和日本开展的打击海盗、走私等非传统安全领域的合作逐步向传统安全领域拓展，这对于泰国而言有利于平衡地区大国势力。

总之，泰国海洋战略的形成深深印上了泰国元素的烙印，泰国独特的地缘政治特征、历史文化传统以及现实政治经济利益深深地影响着泰国海洋战略的形成，并随着时代的变迁而不断调整变化。冷战结束后，泰国坚持独立自主的大国平衡战略，以维护和平的海洋环境为目标，主张积极以和平方式解决争端，倡导海洋安全合作，积极发展海洋经济等为主要内容的海洋战略，具体策略上积极推动海军现代化，加强海洋管理；深化国际合作，奉行大国平衡，发展海洋经济，增强国家综合实力等策略等。

---

① 林秀梅．泰国社会与文化[M].广州：广东经济出版社，2006：92-98.

第八章　东盟国家海洋权益维护与执法体制的比较分析

21 世纪是海洋世纪，人们把眼光瞄向了广袤无垠的海洋，海洋权益意识逐渐增强，东盟国家纷纷出台海洋战略或海洋政策，开发海洋资源，保护海上战略安全利益，维护海洋权益表现出异曲同工之妙，海洋战略目标大都是建设海洋强国，目的大致相同，重点是在经济和战略利益，都采取了大致相似的策略，即重视制度建设，发展海洋经济，加强国防力量，尤其是海军能力建设，实施大国平衡战略等。本章从目标、目的和策略三个方面进行比较分析，总结其基本特征与一般规律，进而为科学制定我国海洋战略，维护我国合法的海洋权益尤其是南海权益，构建海洋伙伴关系及和谐海洋新秩序，加快推进 21 世纪海上丝绸之路建设，构建中国—东盟命运共同体提供有益借鉴。

一、雄心勃勃的海洋战略目标

鉴于海洋开发的巨大经济和战略意义，进入 21 世纪以来，东盟国家家纷纷加紧制定和提出自己的海洋战略。由于各国地理位置和环境的差异，以及不同的国内政治、经济、社会、文化的不同，因此，东盟国家的海洋战略的目标各有不同，每个国家都有独特的特色。

印度尼西亚：保护国家的统一和领土完整及“全球海上支点”战略。对印度尼西亚来说，自国家独立以来就始终受到国内冲突、国际冲突、非传统安全等三种主要威胁，所以，印度尼西亚的海洋战略首要目标是维护国家的统一和领土完整。同时，印度尼西亚充分发挥其群岛国家地缘优势，实现其“全球海上支点”战略。

马来西亚：促进海洋经济发展和提高国际地位。马来西已将海洋战略列为其“2020 宏愿”规划的重要组成部分，基本目标是发展海洋经济，构筑本国海洋安全屏障，提升本国在国际舞台上的地位。

菲律宾：努力成为东亚海洋强国。对于菲律宾来说，发挥其群岛海洋国家优势，大力发展海洋经济利益和维护国家安全，努力成为东亚海洋强国。

越南：成为“具有强大海洋能力”的海洋强国。对于越南来说，海洋战略的目标是至2020年将越南建设成海洋强国之一，成为“具有强大海洋能力”的海洋强国。

二、不谋而合——东盟国家的海洋战略目的

尽管东盟国家海洋战略目标各自的侧重点有些不同，但总体海洋战略的目的是大致相同的，即争取国家利益和战略的最大化。东盟国家在亚太地区属于中小国家，地理位置上处于马六甲海峡附近，对世界交通运输有着重要的战略地位。但普遍来讲，东盟国家的综合实力都比较有限，尤其是亚太区域大国在东南亚地区争相提高影响力。因此，东盟国家海洋战略的首要目的是大力发展海洋经济以促进国家经济发展和人民福祉。

（一）发展海洋经济是海洋战略的基本目的

1. 印度尼西亚希望通过开发和利用海洋资源发展经济

海洋对于印度尼西亚来说，既具有经济价值，又有着重要的战略安全价值。但是对于印度尼西亚来说，当务之急是开发利用海洋，促进海洋经济的发展。这从佐科政府上台后实施的“全球海上支点”战略可以略见一斑。发展海洋经济一方面是开发海底矿物资源，尤其是石油和天然气的开采，印度尼西亚是欧佩克成员国，油气产业是印度尼西亚的重要支柱产业。海上航行利益对印度尼西亚也具有十分重要的意义。正因为海洋经济对印度尼西亚如此重要，所以对于印度尼西亚来说，保护好这片海域，维护好海洋权益，最终实现海洋经济利益，来为国民服务就是其海洋战略的基本目的。

2. 马来西亚希望发展海洋经济以促进国力的增长

马来西亚所属海域同样拥有十分丰富的海洋资源，包括油气及渔业资源。在马来西亚的海洋经济中，渔业是其基础产业之一，马来西亚政府已经将渔业发展纳入其经济转型的规划之内，希望通过大力发展海洋水产养殖业来逐步减少对海洋渔业捕捞的依赖。马来西亚政府非常鼓励投资者进入水产养殖业，希

望在2020年能够吸纳13亿林吉特（约合4.12亿美元）的投资额。[①]

马来西亚的海洋油气资源也很丰富。在马来西亚，石油来源几乎全部取自海上。2010年，马来西亚油气出口总额高达230亿美元，约占全国出口总额的11%。另外，在与印度尼西亚有争议的苏拉威西海域富含油气资源，马来西亚也在进行不断地勘探开采。事实上，对海洋油气资源的开采早已是马来西亚海洋战略的重要组成部分。目前，由于国内能源需求不断增加，马来西亚已经打算开发深水油田来增加本国的石油储量。马来西亚财政部长在2010年接受美国彭博新闻社记者采访时指出，为了增加收入以及延长本国石油储量的开采年限，作为东南亚第二大油气生产国的马来西亚采取包括税收、财政等在内的各种激励措施来勘探、开发难度较大、利润率不高的油气田。政府希望吸引包括马来西亚国家石油公司在内的油气公司来勘探马来西亚的“边际油田”。[②]这些所谓的“边际油田”其实都位于与中国有主权争议的南海地区。

3. 菲律宾希望海洋产业成为为国家发展重点

菲律宾海洋产业主要包括海洋渔业、滨海旅游业、海洋油气业、海洋交通运输业等四个主要海洋产业。其中渔业、旅游业发展速度较快，是该国的支柱产业和重要的吸纳就业的产业。菲律宾是石油纯进口国，大量石油进口需要消耗国家大量外汇，因此，菲律宾迫切希望发展海洋油气产业，尽一切努力来推动南海油气田的勘探和开发。但比较可惜的是，菲律宾所属海域油气资源并不是十分丰富，所以尽管菲律宾对勘探油气做了较大努力，但依然没有能改变该国缺油少气的尴尬局面。菲律宾不仅在勘探油气方面做出努力，在南海争端方面，阿基诺政府时代，菲律宾是南海争端的急先锋，其目的就是争取南海利益的最大化，但是其主张是建立在牺牲我国海洋权益的基础上的。杜特尔特总统上台后，对南海争端采取了搁置争议的处理，南海争端迅速降温，中菲关系得到全面恢复。此前，在中菲外长会议上，中菲外长共同表示，中菲将联合勘探南海油气资源。两任总统对待南海争端和勘探海洋油气资源采取了不同的方式，势必在结果上会取得截然不同的效果，但从其最终目的来看具有某种共同点，即都是为了实现菲律宾海洋经济利益来促进民众的福祉。

---

① 马来西亚鼓励投资水产养殖[N]. 中国渔业报，2011-11-07（6）.

② 马来西亚鼓励油气公司开发“边际油田”[EB/OL]. http://www.gaschina.org/do/bencandy/2010-11-15.

4. 越南希望通过发展海洋经济“靠海致富”

海洋经济对越南更加重要，海洋经济对越南国民经济的贡献已经接近50%，为此，越南非常重视发展海洋经济，制定海洋经济发展规划和实现海洋强国的战略。越南南北统一后，40多年来，相关的海洋经济发展势头迅猛。目前，越南海洋经济产值约为1000亿美元/年，主要贡献来源于海洋油气开采、海洋捕捞和海水养殖业、海上交通运输业、海上和海岛旅游业等四大领域。据《到2020年越南海洋战略规划》，至2020年越南海洋经济产值要占到其国民经济的53%~55%。经过40多年的发展，海洋油气业成为了越南经济的支柱性产业，其油气开采业已经开始向缅甸等周边国家扩张。2008年，越南的原油出口突破100亿美元，为103.568亿美元[①]，成为越南出口的拳头产品。为了发展海洋经济，越南还决定在沿海地区建立15个经济特区，其中，2019年1月，越南批准了《广宁省云屯经济区经济社会发展总体规划》，规划到2030年生产总值达56亿美元，到2050年成为越南经济发展重要引擎之一。鉴于海洋经济对国民经济发展以及实施海洋战略的重要性，越南大肆掠夺我国南海海洋权益。越南是南沙群岛海域最大的得利者，占领的岛礁最多，石油、天然气勘探也获利甚多。冷战时期，中越发生了西沙之战和赤瓜礁之战。冷战后，越南除继续对所占领岛礁的控制外，还加强对有关岛礁的开发利用，尤其是越共“九大”以后，越南一方面不断通过新闻媒介宣称将保卫自己所谓每一平方米海疆的主权，并积极筹划在南沙群岛建立地方政府；另一方面，积极实施海洋发展计划，加强对其占领岛礁的规划、调查和资源开发，并为此加强在有关岛礁上的军事防务和旅游观光活动，以控制其领海。

（二）维护海上安全与海上主权是海洋战略的主要目的

就战略利益来说，东盟国家由于各自国情不同而相异，但有两点是各国都关注的，即海上主权神圣不可侵犯，关切海上重要运输通道的安全。

1. 印度尼西亚：确保马六甲海峡和东盟局势安全

正是由于扼守着极重要的战略通道，但外界压力又极易改变自身的海洋地缘安全状况，印度尼西亚重视保护战略水道安全等高度敏感的地缘安全利益，高度看重马六甲等海峡区域对自己的战略安全利益。

① 越南统计总局．2008年越南统计年鉴[M].河内：越南统计出版社，2009：453.

2. 马来西亚：维护国家海洋主权与战略通道安全

海洋安全作为马来西亚国家安全的核心层面，已成为政府制定国家安全战略的重要考量和依据，也是其海洋战略的重要目标，保障海洋主权安全、经济安全、航道安全是其主要内容。进入21世纪以来，马来西亚海洋传统安全领域的重点依然为维护国家海洋主权、维护大陆架和经济专属区的权益。近年来，马来西亚加大了与印度尼西亚和中国对岛屿主权的争夺。除对岛屿主权进行争夺，马来西亚还希望通过对大陆架的划界来获得更多的海洋领土权益。2009年3月17日，马来西亚政府向国会提呈《2009年大陆架法令》，要求根据《公约》第76条对大陆架重新进行定义，为马来西亚与其他国家在针对大陆架划界问题上提供法律原则。同年5月6日，马来西亚和越南向大陆架界限委员会联合提交200海里外大陆架"划界案"，企图将南海南部大片海域作为两国共同的外大陆架。对相关岛屿的主权以及相关经济专属区权益的争夺被马来西亚视为海洋安全的重要内容，且被明确地在马来西亚国防政策的目标中提出。维护海洋经济安全和重要航道安全也是马来西亚海洋安全构成中十分重要的一环。进入21世纪以来，马来西亚政府愈加重视海上经济和航道安全，并投入大量精力。在马来西亚政府实施的《20年海军发展规划》中就明确要求其海军提升多种防卫手段的能力，确保其海洋通道的畅通，有效维护马来西亚的海上安全。此外，通过对重要的国际航道和海域——马六甲海峡、中国南海以及苏拉威西海施加影响力，来维护国家安全，并借以提升自身在国际舞台上的国家地位是马来西亚海洋战略所追求的目的之一。

3. 菲律宾：维护争议地区海上主权和海上安全

作为群岛和海洋国家，菲律宾处于重要的国际战略要道，有着广阔的海洋。从海洋的角度，菲律宾海洋利益主要包括领土完整、水域开发和保护、生态平衡、外部和平。实现海洋利益是菲律宾建立东亚海洋强国的应有目的。就战略利益来说，第一是保护国家的海上主权，尤其是争议地区海上主权；第二，维护海洋安全；第三是关注海上运输通道的安全。

4. 新加坡：重视国际安全合作，保护国家独立

虽然新加坡似乎并不直接受到任何国家威胁，但新加坡重点关注的就是海洋。首先，新加坡强调的是以国家独立来抵消两大近邻马来西亚和印度尼西亚的影响。其次，东南亚地区存在领土争议，尤其是中国南海地区。为了克服这些共同威胁，新加坡外交和国防政策已经建立起一个巨大和复杂的网络，包括

双边和多边联系，以及地区内外的合作。通过加强经济联系和政治交往，新加坡致力于营造一个经济相互信赖、政治交往密切的地区环境，避免以武力来解决国际冲突。

5. 泰国：努力维护和平的海洋安全环境

在安全层面，泰国积极倡导以和平方式解决潜在的矛盾冲突，当彼此在海洋区域的划分上的问题存在争议时，应尽可能减少分歧，通过联合开发实现共同的利益。此外，全方位地提升和邻国的海洋安全合作，通过东盟地区论坛（ARF）、西太平洋海军论坛（WPNS）、亚太安全合作理事会（CSCAP）等安全论坛促进互访，在旅游、教育、培训等领域的交流合作，以推动安全和平的海洋环境的构建。同时，和邻国在交界海域开展联合巡逻和执法活动，打击海盗、走私等海上犯罪活动[①]。

6. 越南：确保海上主权完整与领土扩张

越南海洋安全战略的总体目标旨在按照国家法律和国际海洋法，特别是《公约》，与相关国家解决海洋领土主权争执问题，以维护越南的主权和资源利益。具体目标旨在构建海上立体防御体系、形成海上多层防御岛链，达到扩大国土防御纵深的目的。[②]

三、手段相似——东盟国家海洋权益维护的策略

为了实现各自海洋战略的目标，东盟国家采取了大体相似的策略，主要体现如下。

（一）建立相应的行政管理部门，贯彻实施海洋战略

印度尼西亚佐科总统执政后专门成立了海洋统筹部来统筹推进海洋的开发和利用。进入 21 世纪以来，马来西亚政府已经相继成立了国家海洋局、海事执法局等职能部门，加大对海洋科研的投入以及对海洋人才的培养。菲律宾海洋管理机构的设立是断断续续的，海洋统筹机构经历了设立又废止，废止又设立

① Mushahid Ali. Maritime Security Cooperation The ARF Way"[J]. Idss Commentaries, 2003（7）.

② 成汉平．越南海洋安全战略构想及我对策思考 [J]. 世界经济与政治论坛，2011（3）：13–24.

的过程。两大主要海洋统筹机构是内阁海洋事务委员会和国家海上安全协调委员会，内阁海洋事务委员会下设海洋事务技术委员会、海洋事务中心，地方政府、国会议员、相关局部门负责为内阁海洋事务委员会提供咨询、建议服务。海洋技术委员会下设 5 个专门工作小组，分别为国家领土和海洋权利工作组、反海盗工作组、合作安排工作组、渔业小组、国家海洋政策小组。内阁海洋事务委员会在组织机构设置上充分考虑到了海洋事务的复杂性和协调的难度以及技术的专业性，作为协调机构，促成制定了国家海洋政策，推进了海洋管理的协作和一体化，直到 2001 年撤销前，充分发挥了海洋事务协调和专业应对的能力。几年后，重新成立海洋事务中心和总统办公室直接管辖下的海洋事务委员会。1997 年，泰国政府成立了“维护海洋权益执勤协调中心”直接隶属国家安全委员会，负责涉海事务的统筹协调，改变了以往部门之间缺乏协调、各自为政的局面。该中心的指挥部下设三个区，对口负责泰国湾北部、泰国湾南部和安达曼海海域的海洋事务[①②]。越南则成立了由副总理为首，包括政府部门负责人、各领域专家等在内的海洋指导委员会，协调海洋战略的制定和实施。

（二）推进武装部队现代化，尤其是海军现代化

东盟国家从 1997 年亚洲金融危机中恢复过来后，经济发展快速，成为世界经济发展的新亮点。经济发展后，东盟国家都已经具备一定的外汇储备，有足够的经济实力来提高国防预算购买先进武器，如越南一口气就从俄罗斯订购 6 艘潜艇，还讨论计划购买美国武器，这是需要经济实力作后盾的。

2012—2019 年，东南亚整个地区的国防支出分别为 313 亿美元、344 亿美元、341 亿美元、372 亿美元、379 亿美元、396 亿美元、380 亿美元、397 亿美元，年均增长 3.45%，占比由 2012 年占世界国防总支出的 1.76% 上升到 2019 年的 2.07%，由 2012 年占亚洲和大洋洲的 8.22% 下降到 2019 年的 7.48%，虽然在亚洲和大洋洲的占比有所下降，但在世界国防支出占比上升较快[③]。具体见表 9–1、表 9–2。

---

① 虞群，王维 . 泰国海洋安全战略分析 [J]. 世界政治与经济论坛，2011（5）: 65–77.

② Anthony Bergin. East Asian Naval Developments-sailing into Rough Seas[J]. Marine Policy, 2002（26）: 121-131.

③ 引自瑞典斯德哥尔摩国际和平研究所（SIPRI）数据库，网址：https://www.sipri.org/sites/default/files/Milex–regional–totals.pdf.

表 9–1　2012—2019 东盟国家国防支出一览表　　单位：百万美元

国家＼年份	2012	2013	2014	2015	2016	2017	2018	2019
文莱	377	377	490	429	413	356	358	419
柬埔寨	254	276	305	355	404	476	543	593
印度尼西亚	5751	7732	6813	7923	7394	8523	7557	7380
马来西亚	3969	4325	4359	4693	4493	3776	3470	3827
菲律宾	2725	3111	2886	3158	3251	4125	2843	3327
新加坡	8783	8754	9010	9610	10218	10490	10835	11262
泰国	5557	5776	5818	6185	6531	6733	6876	6970

资料来源：瑞典斯德哥尔摩国际和平研究所（SIPRI）数据库，网址：https://www.sipri.org/sites/default/files/Data%20for%20all%20countries%20from%201988%E2%80%932019%20in%20constant%20%282018%29%20USD.pdf.

表 9–2　2012—2019 东盟国家国防支出占 GDP 的比重　　单位：%

国家＼年份	2012	2013	2014	2015	2016	2017	2018	2019
文莱	2.2	2.3	3.1	3.3	3.5	2.9	2.6	3.3
柬埔寨	1.5	1.6	1.7	1.8	1.9	2.1	2.2	2.3
印度尼西亚	0.7	0.9	0.8	0.9	0.8	0.9	0.7	0.7
马来西亚	1.4	1.5	1.5	1.5	1.4	1.1	1.0	1.0
菲律宾	1.2	1.2	1.1	1.1	1.1	1.3	0.9	1.0
新加坡	3.2	3.1	3.1	3.1	3.2	3.1	3.1	3.2
越南	2.3	2.3	2.0	2.2	2.2	2.3	2.4	2.4
泰国	1.6	1.4	1.4	1.4	1.4	1.6	1.4	1.3

资料来源：瑞典斯德哥尔摩国际和平研究所（SIPRI）数据库，网址：https://www.sipri.org/sites/default/files/Data%20for%20all%20countries%20from%201988%E2%80%932019%20as%20a%20share%20of%20GDP.pdf.

国防支出占比是衡量国防支出的一个重要指标，对衡量一个国家对国防的重视程度具有较高参考价值。从表 9–2 可以看出，菲律宾、新加坡、文莱、越南等国的国防支出占 GDP 的比重较高，反映出这几个国家对实现国防现代化、争夺南海海洋权益的愿望更加强烈。

近些年，东盟各国国内普遍相对比较稳定，但是南海争端问题日益激烈化，国内环境的稳定让各国有了精力来发展现代化海军，外部环境的恶化以及域外大国的推波助澜让各国有了发展现代化海军的紧迫感，东盟国家各国竞相调整军事战略重点，东盟国家甚至整个东南亚地区都在进行武器军备竞赛，发展现代化海军、空军，购买先进的战斗机、巡洋舰和潜艇，以增强国家海上防御能力。因此，东盟国家发展现代海军是内外因相结合的结果，但由于东盟国家的经济和技术基础相对较差，实现海军现代化的目标仍需时日。

1. 印度尼西亚：加强装备建设，提高海军保卫能力

2010 年后，印度尼西亚海军和空军开始稳步进行现代化。2010 年印度尼西亚制定《2010 年国防战略规划》，旨在通过军事采购，打造一支“必要保障部队”的“绿水海军”，包括一支 110 艘军舰的“打击部队”，一支 66 艘军舰的巡逻部队和一支 98 艘军舰的支援部队。[①] 印度尼西亚政府强调其必须加速建成一支“具有高度机动性和威慑力”的强大海上武装部队。为此，印度尼西亚海军制定了《未来海军建设的长远规划（2005—2024 年）》，计划在未来 20 年内，海军必须有维护国家安全所需要的必要武装力量。空军计划将包括 10 个战机中队，到 2025 年共配备 180 架战机。目前，印尼正在纳土纳群岛水域建设舰艇基地，还将部署俄罗斯造先进战机。

为提高海上防御力量，佐科政府沿袭《2010 年战略国防计划》提高国防预算；调整了国防防御政策和重点；重视军事采购和本土国防工业基础相结合。此外，印度尼西亚还切实加强纳土纳群岛水域的军事部署，不仅对纳土纳群岛军事基地进行扩建，建设潜艇基地，还计划在纳土纳群岛上空部署 5 架 F16 战斗机，为海军部署 3~5 艘护卫舰。此外，还计划从俄罗斯购买战斗机部署在纳土纳群岛军事基地。

2. 马来西亚：坚持国防自主原则，加强海上军事力量建设

马来西亚奉行近海防卫政策，海军的主要任务是维护马来西亚的领海和专属经济区的安全，确保在马六甲海峡和南海的海上贸易通道的畅通以及应对“地区内潜在的威胁”。为此，马来西亚海军大量购买外国先进武器装备，以提升

① Rizal Sukma. Indonesia’s Security Outlook and Defense Policy 2012[M]. In Security Outlook of the Asia Pacific Countries and Its Implications for the Defense Sector. Tokyo: National Institute for Defense Studies, 2012: 3-19.

其海军现代化。马来西亚除了从意大利、英国、德国、瑞典、西班牙等西方发达国家购买导弹护卫舰、常规动力潜艇加速组建潜艇部队，还在2016年首次从中国采购了4艘军舰。

为进一步增强海军航空兵的实力，马来西亚已从英国购买6架“超级山猫”–300型多用途直升机，从法国购买6架“非洲小狐”直升机，2008年从俄罗斯购入18架苏–30MKM战斗机，并计划装备更多该型战斗机。面对近年来周边国家海军装备的升级，2011年马来西亚海军正式拟定6艘濒海战斗舰的采购计划，新引进的濒海战斗舰十分重视舰艇的隐形技术以应对周边国家换装新式舰艇的挑战。[①]虽然海军舰队规模不大，但与邻国相比，马来西亚海军主力战舰的火力却在东盟国家中排名第一。为了增强区域竞争力，马来西亚海军计划在未来几年中将军舰数量增加到90艘，届时将足以应付来自各方的挑战。[②]

3. 菲律宾：不断努力推进武装部队现代化

菲律宾根据国内外形势的发展，为维护海上主权和领土完整，实现其海洋利益，不断努力推进武装部队现代化，制定《武装部队现代化法案》《能力提高计划》等一系列发展计划，增加军费预算，加强装备建设和菲美军事关系。虽然防卫的重点有所变化，但菲律宾始终没有放弃推进武装部队现代化尤其是海军现代化的努力，同时调整了国家总体军事战略，确立了“未来要把发展海、空军作为军队建设的重点”的目标，以加速实现海、空力量现代化。菲海军制定了选择性海洋控制发展战略，即管理和控制群岛附近战略要点和连接主要陆地的内水。为了实现这个主要战略目标，菲律宾海军制定了如下三个战略支点：战略力量的配置、舰船队伍、海上总兵力。[③]此外，由于中日之间在东海存在钓鱼岛主权争端，为了牵制中国，日本向菲律宾提供了大量的巡逻艇，计划在2018年前提供10艘长40米的巡逻艇，此外还计划提供长90米的大型巡逻艇2艘，将此前租让给菲律宾的2架TC–90教练机改为无偿转让，以使菲律宾提高沿岸的监视能力，从而牵制中国。

---

① 马来西亚皇家海军将使用更加先进的军舰[N].（马来西亚）前锋报，2011–01–24.

② 临河．马来西亚海军[N]. 当代军事文摘，2005（2）：17.

③ 战略力量的配置是指海军应当维持其目前的21个军事基地和据点。快速反应舰队是指保持一个精锐力量在可能的战斗地域阻止敌人持续破坏并保存继续威胁敌人。海上总兵力是指利用海上所有力量包括商船、渔船、海军预备役及其他海洋部门来共同应对入侵敌人。

4. 泰国：努力推动海军现代化

20 世纪 90 年代后，为了适应冷战后地区安全形势的变换，泰国开始实施了“蓝水海军”发展计划，把建设一支具有远洋作战能力的海上力量作为首要目标，将海上防务向远洋推进。在 1997 年金融危机爆发前，泰国经济的繁荣为海军发展提供了雄厚的财力支持，政府首先集中财力购置了一批导弹护卫舰、巡逻艇以及巡逻反潜机和舰载直升机，使泰国海军的作战范围突破泰国湾的局限。之后泰国又与西班牙巴赞造船公司签署了航母的建造合同，1997 年 8 月东南亚的第一艘航空母舰——“却克里・纳吕贝特”号轻型航母正式服役，并为之从美国购置了“诺克斯”级导弹护卫舰和从中国购置排水量 2 万吨的综合补给船“锡米兰”号，建成了航母战斗群。航母的建成提高了泰国海军远洋执勤能力，建立了地区海上优势。泰国海军积极加强海航能力建设，重视运用海航力量进行人员运输、近海支援、海上救护等任务，以更好地在海域上空实施侦察、反潜、预警、歼击等作战任务，抢占和维护海上空中优势，同时，配合水面舰艇开展联合作战行动。2011 年 4 月，泰国国防委员会批准了从德国引进 6 艘潜艇的计划[①]，提升泰国海军的水下作战能力，实现海军三维立体作战能力。目前，泰国已经建成了一支以直升机航母为核心，以驱逐舰、护卫舰和潜艇为骨干的远程作战力量，泰国海军由此具备了海陆空的立体攻防能力和远程打击能力[②]。2017 年，泰国排除国内反对派意见，以 135 亿泰铢从中国采购一艘常规动力潜艇，最终计划是采购 3 艘以维护海上安全。

5. 越南：千方百计加快海军建设

越南大量采购先进海空武器装备，提升立体作战能力。2010 年，越军继续采购和接收了俄罗斯系列先进武器装备，包括 12 架俄制苏 -30 战机、6 架加拿大生产的 DHC-6 双水獭 400 型水上飞机、乌克兰生产的“铠甲”被动雷达系统，还接收了两艘俄制“猎豹 3.9”护卫舰和两套“堡垒 -P”岸基反舰导弹系统。此外，2010 年，俄罗斯开始为越军建造首艘“基洛”级潜艇、4 艘“萤火虫”海岸巡逻艇。至 2016 年“海防”号、“庆和”号“岘港”号正式列编 189 潜艇旅，加上此前的“河内”号和“胡志明”号，越南海军 189 潜艇旅共接收 5 艘 636 型“基洛”

① 参见 2011 年 5 月 4 日《世界报》，网址：http://www.mediaxinan.com/sjb/html/2011-05/04/content_99420.htm.

② 何立波，王再华 . 世界简史（第 13 卷）[M]. 吉林摄影出版社，2001：3724.

级潜艇。按照计划，至 2017 年，越南将接收完毕 6 艘从俄罗斯采购的舰艇以及配套的 50 枚 3M54 “俱乐部” 潜射导弹。2017 年 1 月，越南将接收的第 6 艘潜艇部署在著名军港金兰湾。此时，越南海上打击能力已经大幅度提升。此外，美国前总统奥巴马访问越南时宣布美国全面解除对越南的武器禁售，因此，越南也可以购买美国武器，虽然武器采购具有一定的不可替代性，但越南可以逐渐采购美国武器以实现国内武器来源多元化。

从近年来越军武器装备更新的种类和性能等情况来看，越军武器装备以提升制海能力为主，并基本获得了近海立体作战能力。其次是调整海上防卫体制。2009 年 3 月，越南国防部长签署第 671 号决议，决定成立越南人民海军第二区。海军第二区的成立是越南近年来加强海军建设及加大对海岛及海域管控力度的必然结果，使得越南海军在建制上增加了一个海军司令部直属师级作战单位，原有各防区的所辖范围和任务也因此有所调整，从而使得越南海军在整体和重点方向上的力量都得以加强。[①] 此外，越南宣布对外开放重要的海军港口金兰湾，计划为外国军舰和船只提供维修和后勤补给服务。

（三）借助域外大国势力，谋取海上利益的最大化

虽然近年来东盟国家与中国的军事合作在逐年加强，双边关系发展迅速，比较典型的事例是马来西亚首次从中国采购 4 艘军舰，中泰一直保持着密切的军事训练与合作，中越之间进行军事合作加强北部湾海域联合巡逻，中国还向菲律宾提供武器用来支持菲律宾国内反恐，印度尼西亚也一直从中国购买小规模的武器，但由于我国与东盟国家之间存在南海主权争端问题，故相对应的军事合作开展只是小规模、断续性的。东盟国家对中国的提防心理不可避免。为此，东盟国家在保持与中国进行小规模军事合作的同时，更多地想借助外部势力尤其是美、日两个域外大国来平衡和牵制中国的力量发展。另一方面，美、日为了围堵中国，遏制中国崛起，也乐意加强与东盟国家的军事合作来牵制中国在东南亚的影响力。

基于这一考虑，东盟国家和美国加强了海上安全合作。进入 2011 年后，美国与亚太国家举行联合军演的频率呈上升之势。日本对东南亚的军事援助逐年增加，美国的海军频繁与东盟国家进行联合军事演习，美国还解除了对越南的

① 古小松 . 越南国情报告 2010[M]. 北京：社会科学文献出版社，2010：59-60.

武器禁售。越南还宣布将与俄罗斯共建金兰湾。印度尼西亚出于自身的安全需要，采取“大国平衡战略”发展与各大国多方面的合作，即在政治方面依赖中国，抵制西方国家的影响；经济方面借助中国迅速发展带来的机遇和中日在东南亚的竞争关系，获取经济利益；在军事和安全保障方面，更多地倚重美国的影响，同时不失时机地加强与印度的合作。

马来西亚希望从区域外大国手中获取包括训练设施、科技装备等的援助，并加强与区域外国家的国防关系，维持东南亚海域的力量平衡。马来西亚也试图拉拢美国，借助美国重返亚太来制衡中国，马来西亚国内拉拢美国制衡中国在南海的活动的声音也越来越多。马美之间的军事合作也在日益加强，2011 年马来西亚参加了三次与美国的联合军演。马来西亚积极地回应美国的南海政策，支持美军进驻南海，以图达到借助美国抗衡中国在南海军事优势的战略目的。[①]

受国家经济发展的制约，菲律宾海军近年来的发展一直较为缓慢。为此，菲律宾寄希望于美国，希望美国帮助菲律宾提高其海军作战能力并对中国形成威慑力量。菲律宾频繁参加海上双边和多边演习，希望在盟国力量的帮助下，保护和扩大菲律宾海上利益。特别是在南海争端上，菲律宾有意借助域外势力来维护海上利益的意图非常明显。菲律宾武装部队不仅得到了美国的大量军事援助，使得军事装备现代化有所提高，还通过与美联合军事演习，增长了菲律宾武装部队的战斗经验，使部队接触到现代化的武器装备，并且自认为对中国起了潜在威慑作用，增强了其在南海争议中的底气。很明显，菲律宾政府指望借助外力来为其侵占中国的南沙群岛的活动撑腰。而一些大国受利益驱动也有意使南沙群岛问题国际化、扩大化和复杂化。不过，随着“一带一路”建设的加快推进，南海争端有所降温，中国与东盟国家就南海争端问题达成了“COC 框架草案”协议。下一步，中国与东盟双边将为达成 COC 最终协议而努力，事实证明，排除域外势力的干扰，中国与东盟有能力、有智慧、有信心管控和最终达成南海争端解决协议，从而将南海转变成和平之海、合作之海。

① 新报称东盟应采取“对冲”战略来处理与中国的不对等关系 [EB/OL]. http://www.cetin.net.cn/cetin2/servlet/cetin/ action/HtmlDocumentAction?baseid=1&docno=375394.

四、加强海洋执法，最大限度维护海洋权益

东盟国家除了加强海权、海军现代化建设以及加强国际合作外，普遍比较重视海洋执法管理，企图通过海洋法律法规和执法体制改革来最大限度维护海洋权益。

（一）海洋法规逐步制定，但法规体系仍需完善

1982 年《公约》被通过后，国际上普遍开始重视国际海洋法，为配合《国际海洋法公约》的实施，各国普遍开始出台自己的法律，包括大部分国家的领水法、毗邻经济区法、专属经济区法等都是在 20 世纪 80—90 年代出台的，维护各国的海洋权益。随着联合国颁布《21 世纪议程》，各国又相应地出台 21 世纪议程，提出各国的海洋发展目标、内容等。此外，各国还重视法律的制定和完善。除了一般性法律如《宪法》外，各国还针对海洋执法普遍制定了《渔业法》《海洋发展战略或规划》等。此外，各国还普遍比较重视海洋执法管理当中的权力下放，比如，菲律宾、印度尼西亚都出台了《地方政府法》将中央权力下放，共同为海洋权益的维护而努力。由于海洋管理涉及的事务较多，相应地需要制定的法律也较多，所以，一般来讲，各国基本上可以做到有法可依，但离法律体系的完善还有差距，还需要制定更多的法律来加强海洋执法管理。

（二）建立海洋协调机构或者委员会，但执法协调能力有待提高

海洋执法涉及众多管理部门，要协调各部门，提高海洋执法的效率与效果，只有建立凌驾于相关海洋部门之上的海洋协调机构，才能统筹各部门。如菲律宾建立的《公约》内阁海洋事务委员会、菲律宾国家海监委员会、菲律宾国家安全委员会等。印度尼西亚建立的海洋统筹部、海上安全协调委员会等对各个主要部门的职能与行为进行协调，取得了较好的效果。马来西亚成立了海事执法局。但由于各部门的协调始终是一个全世界都很难克服的难题，因此，各国的协调结构的功能发挥和效率提高需要继续改革与完善。

（三）加强执法力量建设，但执法能力仍有待提高

虽然近年来，各国奋力加强海洋执法力量建设，尤其是建立海岸警卫队，加强海岸警卫队的执法装备与能力建设，提高海军现代化水平，但由于各国的海洋执法力量历史基础较差，要建设一支强大的海洋执法力量，需要在武器装备、

人员培训、执法体制改革、快速反应等多方面下大力气才可以获得改观。各国普遍还存在装备落后，远洋执法能力不足，降低了海洋执法的覆盖面。为了维护海洋权益，印度尼西亚甚至做出了更加极端的以暴制暴的行动，将各国海洋非法捕捞船进行炸毁，以威慑海洋非法捕捞。

（四）引进域外大国势力，重视海洋执法国际合作

一方面各国重视国际组织牵头组织的海洋安全合作，东盟国家基本上全部加入国际各类海洋管理组织，积极维护海洋生态、环境可持续性发展，积极打击海盗、走私等非传统安全合作，重视各国海上演习合作，加强反恐演练合作以提高人员素质和提升装备。另一方面，重视双边安全合作。东盟国家重视与世界各国的双边安全合作，特别是重视与域外大国的安全合作，通过与域外大国的合作来维护南海海洋权益。东盟国家无一例外地都引进域外大国势力，只是有些国家在引进的道路上比较极端，有些国家比较隐晦而已，但无一例外地都寄希望于域外大国平衡中国在南海的影响力。

五、结语

综上所述，本书在海洋权益及相关理论的指导下，一是重点分析了东盟国家的海洋权益维护。主要分析越南、菲律宾、印度尼西亚、马来西亚等四国的海洋权益维护，具体分析其海洋权益维护的目标、目的、策略、手段等，探索找出东盟国家海洋权益维护的共同点和不同点，分析其基本特征与一般规律等。本书认为东盟国家的海洋权益目标各有侧重，目的大致相同，手段大体相似，主要包括重视加强海洋管理、重视加强海洋安全合作、重视国际法和相关法律法规以及努力加快海军现代化步伐等。但各国实力、地理位置、利益诉求等不同，因而形成了各有千秋、特色鲜明的海洋权益维护与执法体制的特征。而各国海军现代化发展较快内外因综合的结果。内因主要是经济发展和国内相对和平稳定，外因主要是外部竞争导致的紧迫感上升。近些年，东盟国家经济发展迅速，各国已经具备一定的外汇储备，有足够的经济实力来购买先进武器。同时，各国普遍国内政治稳定，有足够的精力将军事现代化的重点由侧重维护国内稳定的陆军转向侧重对外防御的海军、空军。同时，近些年，南海争端日益激烈化使各国也有发展现代化海军的紧迫感。总体上来说，各国都制定了海军现代化发展规划，但受制于经济实力支撑，尽管各国海军现代化步伐较快，但现代化

程度有限。不过，越南海军现代化成绩还是较为显著的，值得我国给予密切关注。

二是重点分析东盟国家的海洋执法体制。主要是从海洋法律法规的制定与出台、海洋执法力量与执法部门间的关系与协调来研究执法体制。总体上来说，东盟国家普遍加强海洋执法，最大限度维护海洋权益。各国执法体制的优点主要有以下几项。

首先，各国普遍制定了海洋发展规划和较为完善的法律体系。各国除了制定《海洋基本法》《海洋规划》外，各涉海部门也制定了一系列行业性的法律法规，各国海洋执法相对走向法治化的轨道。如越南制定了《海洋法》《到2020年越南海洋战略规划》，各涉海部门制定了行业性法律法规；菲律宾制定了菲律宾《国家海洋政策》；印度尼西亚颁布了《海洋法》等；马来西亚涉及海洋执法方面，能以法律的形式管理的，一律制定法律进行规范管理。

其次，各国普遍建立了海洋行政管理机构和协调机构。如，越南规定负责海洋管理的行政部门为越南海洋与海岛总局；自《公约》1982年通过以来，菲律宾始终存在一个协调机构，负责协调海洋事务和制定海洋政策；印度尼西亚设立了海上安全协调委员会；马来西亚的海岸联合驱逐行动则由“海事协调执法中心”负责，包括陆、海、空、警等各部门组成。

再次，明确了各执法机构之间的合作与分工。如越南明确了海岸警卫队的核心执法地位。越南规定，内水由海上警察负责执法外，领海、毗连区、专属经济海域、岛礁则由海岸警卫队负责巡逻执法；菲律宾规定海岸警卫队是海洋主要执法机构，其他部门需要给予支持和合作；印度尼西亚规定领海、专属经济区主要由海军负责执法，颁布的《地方政府区域自治法》则对中央与地方的海洋执法权责进行了划分；马来西亚海洋执法基本集中在海事执法局，执法力量得到了整合和加强。

最后，重视海洋执法国际合作。东盟国家普遍重视海洋执法国际合作包括参与国际组织牵头组织的多边海洋安全合作以及双边安全合作，特别是重视与域外大国的安全合作，通过与域外大国的合作来维护海洋权益。

总体上，由于东盟国家综合实力相对较弱，因此，其海洋执法的法律法规体系仍需完善，执法力量与执法能力仍有待提高，执法协调能力仍有待提升。

面对东盟国家海洋权益的维护与执法的普遍加强，我国作为各国最大的邻国，一方面，有必要正视其海洋权益的维护与执法的加强，重视其合理关切，加强海洋合作，寻找海洋合作最大公约数，从而为构建海洋命运共同体和推进“一带一路”建设奠定良好基础。另一方面，中国需要尽快制定我国的海洋发展战略，提出我国海洋发展战略的目标、海洋产业发展领域、采取的政策措施等；不断改善和增强我国海洋执法力量；借鉴东盟国家执法体制，尽快完善我国执法体制，努力形成既有相对分工又有高度统一的海洋执法体制；加快联合调查研究，搁置争议共同开发；重视立法来加强海洋执法，尽快制定我国的综合性海洋法律《海洋基本法》，及时修改和制定相关法律法规；加强海洋执法的国际交流与合作，学习和借鉴国外先进的海洋执法理念和执法技术，积极参与区域安全机制和海洋安全维护的构建；保持与东盟在南海问题上的沟通，避免南海问题国际化。同时，必须坚决打击其不合理甚至非法的利益诉求以维护我国合法的海洋权益，为建设海洋强国和实现“两个一百年”伟大目标做出贡献。

参考文献

一、中文文献

（一）图书

1．杨金森，高之国．亚太地区的海洋政策 [M]．北京：海洋出版社，1990.

2．吴士存．南海问题文献汇编 [M]．海南：海南出版社，2001.

3．吴士存．南沙争端的起源与发展 [M]．北京：中国经济出版社，2010.

4．刘中民．世界海洋政治与中国海洋发展战略 [M]．北京：时事出版社，2009.

5．刘中民，等．国际海洋政治专题研究 [M]．青岛：中国海洋大学出版社，2007.

6．郑泽民．南海问题中的大国因素——美日印俄与南海问题 [M]．北京：世界知识出版社，2010.

7．中国国际问题研究所．国际形势和中国外交蓝皮书（2014）[M]．北京：世界知识出版社，2014.

8．李双建．主要沿海国家的海洋战略研究 [M]．北京：海洋出版社，2014.

9．李景光．国外海洋管理与执法体制 [M]．北京：海洋出版社，2014.

10．吕余生．泛北部湾合作发展报告（2012）[M]．北京：社会科学文献出版社，2012.

11．覃丽芳．越南海洋经济发展研究 [M]．厦门：厦门大学出版社，2015.

12．刘复国，吴士存．2011 年度南海地区形势评估报告 [M]．台北：政治大学国际关系研究中心，2012.

13. 季国兴. 中国的海洋安全和海域管辖 [M]. 上海：上海人民出版社，2009.

14. 张明亮. 超越航线——美国在南海的追求 [M]. 香港：香港社会科学出版社有限公司，2011.

15. 张明亮. 超越僵局——中国在南海的选择 [M]. 香港：香港社会科学出版社有限公司，2011.

16. 冯梁. 亚太主要国家海洋安全战略研究 [M]. 北京：世界知识出版社，2012.

17. 鞠海龙. 中国海权战略 [M]. 北京：时事出版社，2010.

18. 江家栋，曹海宁，阮智刚. 中外海洋法律与政策比较研究 [M]. 北京：中国人民公安大学出版社，2014.

19. 徐质斌. 中国海洋经济发展战略研究 [M]. 广州：广东经济出版社，2007.

20. 张国城. 东亚海权论 [M]. 新北：广场出版社，2013.

21. 李景光，阎季惠. 主要国家和地区海洋战略与政策 [M]. 北京：海洋出版社，2015.

22. 李晓冬，等. 主要周边国家海岛管理法规选编 [M]. 北京：海洋出版社，2015.

23. 梁芳. 海上战略通论 [M]. 北京：时事出版社，2011.

24. 范厚明. 国外海洋强国建设经验与中国面临的问题分析 [M]. 北京：中国社会科学出版社，2014.

25. 鞠海龙. 南海地区形势报告（2014—2015）[M]. 北京：时事出版社，2016.

26. 广西社会科学院. 越南国情报告（2015）[M]. 北京：社会科学文献出版社，2015.

27. 谢林城. 越南国情报告 2016[M]. 北京：社会科学文献出版社，2016.

28. 古小松. 2009 年越南国情报告 [M]. 北京：社会科学文献出版社，2009.

29. 古小松. 越南国情报告 2010[M]. 北京：社会科学文献出版社，2010.

30. 朱新山. 菲律宾海洋战略研究 [M]. 北京：时事出版社，2016.

31．唐世平．冷战后近邻国家对华政策研究 [M]．北京：世界知识出版社，2006．

32．钮先钟．西方战略思想史 [M]．桂林：广西师范大学出版社，2003．

33．王曙光．海洋开发战略研究 [M]．北京：海洋出版社，2004．

34．鹿守本．海洋管理通论 [M]．北京：海洋出版社，1997．

35．张世平．中国海权 [M]．北京：人民日报出版社，2009．

36．李金明．南海争端与国际海洋法 [M]．北京：海洋出版社，2003．

37．陈致中．国际法案例 [M]．北京：法律出版社，1998．

38．边子光．各国海域执法制度研究（上册）[M]．台北：秀威资讯科技股份有限公司，2012．

39．宋秀琚，赵长峰．21 世纪海上丝绸之路与中国——印度尼西亚战略合作研究 [M]．武汉：华中师范大学出版社，2017．

40．杨晓强，庄国土．东盟发展报告 [M]．北京：社会科学文献出版社，2016．

41．张锡镇．东南亚政府与政治 [M]．台北：扬智出版社，1999．

42．何立波，王再华．世界简史（第 13 卷）[M]．长春：吉林摄影出版社，2001．

43．汪新生．中国—东南亚区域合作与公共治理 [M]．北京：中国社会科学出版社，2005．

44．林秀梅．泰国社会与文化 [M]．广州：广东经济出版社，2006．

45．田禾，周方冶．列国志：泰国 [M]．北京：社会科学文献出版社，2009．

46．鞠海龙．亚洲海权地缘格局论 [M]．北京：中国社会科学出版社，2007．

47．美国陆军军事学院．军事战略 [M]．北京：军事科学出版社，1986．

48．中华人民共和国专属经济区和大陆架法 [M]．北京：中国法制出版社，1998．

（二）期刊

1．邓应文．试论越南将南海问题国际化之举措——兼论其与越南海洋经济战略的关系 [J]．东南亚研究，2010（6）：29-36．

2．李忠林．南海争端中各方诉求重叠状况、解决现状及启示 [J]．海南师范大学学报（社会科学版），2014（3）：111-117.

3. 何学武，李令华. 我国及周边海洋国家领海基点和基线的基本状况 [J]. 中国海洋大学学报（社会科学版），2008（3）：6-9.

4. 孙小迎. 稳扎稳打的越南海洋强国战略 [J]. 太平洋学报，2016（7）：34-62.

5. 谈中正. 岛礁领土取得中的“有效控制”兼论南沙群岛的法律情势 [J]. 亚太安全与海洋研究，2015（3）：82-132.

6. 吴莉. 论中国南海海洋权益的保护 [J]. 中国水运（下半月刊），2010，10（12）：53-56.

7. 高战朝，桂静. 我国周边海洋国家专属经济区和大陆架的管理状况 [J]. 国外海洋管理与开发，2003（2）：22-23.

8. 刘新华，秦仪. 现代海权与国家海洋战略 [J]. 社会科学，2004（3）：73-79.

9. 张辉. 国际海洋法与我国的海洋管理体制 [J]. 海洋开发与管理，2005（1）：27-30.

10. 巩建华. 海权概念的系统解读与中国海权的三维分析 [J]. 太平洋学报，2010（7）.

11. 桂静，范晓婷，高战朝. 我国海洋权益法律制度研究——以体系构建为视角 [J]. 海洋开发与管理，2010（1）：22-26.

12. 郁志荣. 浅谈对海洋权益的定义 [J]. 海洋开发与管理，2008（5）：25-29.

13. 梅雄，俞海. 维护我国海洋权益的策略思考 [J]. 企业导报，2014（6）：30-33.

14. 刘中民. 海权问题与中美关系述论 [J]. 东北亚论坛，2006，15（5）：69-75.

15. 刘中民. 中国国际问题研究视域中的国际海洋政治研究述评 [J]. 太平洋学报，2009（6）：78-89.

16. 周丕启. 国家安全战略与军事战略——从学理与实践的角度看两者的关系 [J]. 国际政治研究，2007（4）：65-74.

17. 毛元佑. 岳飞“反攻中原”战略述评 [J]. 军事历史研究，1992（1）：

145–155.

18．吴琼．克劳塞维茨战略理论的特点和历史地位 [J]．南京政治学院学报，2006（1）：76–81.

19．易正伟．客户战略管理过程探析 [J]．商业时代，2011（9）：28–29.

20．胡杰．海权危机背景下的英国海洋战略理论 [J]．中国海洋大学学报（社会科学版），2012（4）：59–63.

21．孙纯达．中国海洋邻国海洋立法备忘录 [J]．现代舰船，1997（4）：7–8.

22．塞瑞，柠语．权利的游戏 [J]．海洋世界，2016（2）：70–73.

23．杨培举．海上安全理念浴血升华 [J]．中国船检，2006（5）：14–18.

24．郭渊．海洋权益与海洋秩序的构建 [J]．厦门大学法律评论，2005（2）：122–147.

25．郭渊．东南亚国家对南海石油资源的开发及其影响——以菲、马、印度尼西亚、文莱为考察中心 [J]．近现代国际关系史研究，2013（1）：107–163.

26．齐锐．如何破解南海维权尴尬：中国“出手难”越南“埋头干”[N]．南方周末，2011–8–26.

27．阮洪滔，杨桥光．越南海洋法：新形势下落实海洋战略的重要工具 [J]．南洋问题研究，2012（1）：97–102.

28．陈庆鸿．菲律宾新总统杜特尔特 [J]．国际研究参考，2016（6）：52–58.

29．李金明．论马来西亚在南海声称的领土争议 [J]．史学集刊，2004（3）：66–72.

30．马嫚．试析东盟主要成员国的海洋战略 [J]．东南亚纵横，2010（9）：11–15.

31．鞠海龙．印度尼西亚海上安全政策及其实践 [J]．世界经济与政治论坛，2011（3）：25–36.

32．侯林霞．浅论我国周边环境 [J]．新西部（理论版），2012（10）：95–96.

33．刘虎．冷战后美国与印度尼西亚的安全合作 [J]．当代亚太，2003（6）：28–31.

34．朱陆民，单琴琴．中国与印度尼西亚非传统安全领域合作 [J]．衡阳师范学院学报，2008（1）：39–41.

35. 冯梁，鞠海龙，龚晓辉. 东盟其他国家态势扫描[J]. 世界知识，2011(22)：24–26.

36. 邵建平，李晨阳. 东盟国家处理海域争端的方式及其对解决南海主权争端的启示[J]. 当代亚太，2010（4）：144–155.

37. 李令华. 东盟国家的海洋划界立法与实践[J]. 广东海洋大学学报，2008（2）：6–11.

38. 刘新山，郑吉辉. 群岛水域制度与印度尼西亚的国家实践[J]. 中国海商法年刊，2011（1）：102–108.

39. 成汉平. 越南海洋安全战略构想及我对策思考[J]. 世界经济与政治论坛，2011（3）：13–24.

40. 虞群，王维. 泰国海洋安全战略分析[J]. 世界政治与经济论坛，2011(5)：65–77.

41. 史文强. 马来西亚海军敲定"追风"级轻护舰[J]. 现代舰船，2012(5)：32–37.

42. 李金明. 菲律宾国家领土界限评述[J]. 史学集刊，2003（3）：67–73.

43. 高战朝. 大陆架的法律制度[J]. 海洋测绘，2003，23（1）.

44. 张洁. "一带一路"与"全球海洋支点"：中国与印度尼西亚的战略对接及其挑战[J]. 当代世界，2015（8）：37–41.

45. 马博. "一带一路"与印度尼西亚"全球海上支点"的战略对接研究[J]. 国际展望，2015（6）：33–50.

46. 王忠田. 马来西亚鼓励投资水产养殖[N]. 中国渔业报，2011–11–07(6).

47. 临河. 马来西亚海军[J]. 当代军事文摘，2005（2）：16–22.

48. 刘畅. 印度尼西亚海洋划界问题：现状、特点与展望[J]. 东南亚研究，2015（5）：35–40.

49. 吴征宇. 海权的影响及其限度——阿尔弗雷德·塞耶·马汉的海权思想[J]. 国际政治研究，2008（2）.

50. 雷小华，黄志勇. 菲律宾海洋管理制度研究及评析[J]. 东南亚研究，2014（1）：64–72.

51. 杨勉. 柬埔寨与泰国领土争端的历史和现实——以柏威夏寺争端为焦

点 [J]. 东南亚研究，2009（4）：4–8.

52. 约翰·芬斯顿. 马来西亚与泰国南部冲突——关于安全和种族的调解 [J]. 南洋资料译丛，2011（2）：39–47.

53. 虞群，王维. 泰国海洋安全战略分析 [J]. 世界政治与经济论坛，2011（5）：65–77.

54. 虞群. 试析泰国维护海洋安全的历史演进 [J]. 东南亚之窗，2011（2）：35–40.

55. 庄国土. 17 世纪东亚海权争夺对东亚历史发展影响 [J]. 世界历史，2014（1）：20–29.

56. 沈婷婷. 海洋振兴的关键是海洋意识的崛起——庄国土访谈 [J]. 海洋世界，2011（6）.

57. 张文木. 论中国海权 [J]. 世界经济与政治，2003（10）.

（三）报纸与互联网

1. 章华龙 . 印度总理十五年来首访越南 [N]. 文汇报，2016–09–30.

2. 华益声 . 南海岛礁建设 中国惹谁了？ [EB/OL]. 人民日报海外版 .（2015–06–18）. http://opinion.people.com.cn/n/2015/0618/c1003–27172913.html.

3. 齐锐 . 如何破解南海维权尴尬：中国“出手难” 越南“埋头干”[N]. 南方周末，2011–08–26.

4. 苏乐 . 越南强占中国南海 35 年纪事：07 年在南沙设县 [EB/OL]. 环球网 . http://mil.huanqiu.com/History/2010–05/818158_3.html.

5. 越南在中国南沙群岛强设“长沙县”始末 [N]. 时代周报. http://weektime.banz.

6. 杨超 . 杜特尔特并非想搞“中美平衡”外交 [EB/OL]. 人民日报海外网 .（2016–09–23）. http://opinion.haiwainet.cn/n/2016/0923/c353596–30351368.html.

7. 印度尼西亚总统佐科访日就南海问题表态：不会选边站队 [EB/OL]. 环球网 .（2015–03–25）. http://world.huanqiu.com/exclusive/2015–03/6000068.html.

8. 印度尼西亚总统佐科：不希望南海成为权力纷争之地 [EB/OL]. 环球网.（2016–05–25）. http://world.huanqiu.com/exclusive/2016–05/8973199.html.

9. 印度尼西亚在南海炸船了：局势或将一发不可收拾 [EB/OL]. 今日军事网 .（2016-02-25）. http://www.junshi007.com/n/201602/35454_4.html.

10. 马来西亚鼓励油气公司开发“边际油田”[EB/OL]. 中国石化新闻网 .（2010-11-15）. http://www.gaschina.org/do/bencandy.

11. 菲律宾总统：特朗普夸我禁毒战争做得对并预祝我取胜 [EB/OL]. 环球网（2016-12-04）. http://world.huanqiu.com/exclusive/2016-12/9769426.html.

12. 菲律宾驳斥美情报机构报告：杜特尔特并非独裁者 [EB/OL]. 参考消息网 .（2018-02-23）. http://www.cankaoxiaoxi.com/world/20180222/2256301.shtml.

13. 杜特尔特：有中俄帮助　菲律宾没有美国也能生存 [EB/OL]. 环球网.（2017-02-10）. http://world.huanqiu.com/exclusive/2016-10/9613460.html.

14. 菲律宾总统再批美大使干涉菲内政 [EB/OL]. 新华社 .（2016-08-10）. http://www.xinhuanet.com/world/2016-08/10/c_1119370749.htm.

15. 日本抛绣球刻意拉拢　菲方要与中国做朋友 [N]. 湖北日报，2016-10-28.

16. 杜特尔特：东协峰会将不主动提及南海 [N].（中国台湾）中时电子报，2016-08-25.

17. 李克强同菲律宾总统杜特尔特交谈 [EB/OL]. 新华社 .（2016-09-09）. http://www.xinhuanet.com/world/2016-09/09/c_1119535348.htm.

18. 杨超 . 杜特尔特并非想搞“中美平衡”外交 [EB/OL]. 人民日报海外网 .（2016-09-23）. http://opinion.haiwainet.cn/n/2016/0923/c353596-30351368.html.

19. 专访菲律宾总统杜特尔特：“只有中国才会帮助我们”[EB/OL]. 新华社.（2016-10-17）. http://world.huanqiu.com/hot/2016-10/9560642.html.

20. 中国外交部 . 中华人民共和国与菲律宾共和国联合声明 [EB/OL].（2016-10-21）. http://www.fmprc.gov.cn/web/zyxw/t1407676.shtml.

21. 中国—菲律宾南海问题双边磋商机制第一次会议联合新闻稿 [EB/OL]. 新华社 .（2017-05-19）. http://www.xinhuanet.com/world/2017-05/19/c_1121004494.htm.

22. 菲律宾外交部 . 中菲南海问题双边磋商机制第二次会议联合新闻稿 [EB/OL]. https://dfa.gov.ph/dfa-news/dfa-releasesupdate/15562-second-meeting-of-the-philippines-china-bilateral-consultation-mechanism-on-the-south-china-sea.

23. 中华人民共和国外交部 . 外交部条约法律司司长谈外交中的海洋工作 [EB/OL]. http://austriaembassy.fmprc.gov.cn/web/wjbxw_673019/t255507.shtml.

24. 菲主要气田面临枯竭拟从日购 [EB/OL]. 菲华网. https://www.phhua.com/news/28060.html.

25. 左派议员不满政府“装聋作哑”[N]. 菲律宾世界日报，2018-02-06.

26. 疑永暑礁军事化　菲将向中国抗议 [EB/OL]. 菲华网. https://www.phhua.com/news/28152.html.

27. 南海岛礁军事化　菲政府无可奈何 [EB/OL]. 菲华网. https://www.phhua.com/news/28429.html.

28. 菲总统府：与中国修好，菲律宾获益更多 [N]. 菲律宾世界日报，2018-02-20.

29. 奥巴马访亚欲制衡中国 [EB/OL]. FT 中文网. http://www.ftchinese.com/story/001035453?ccode=LanguageSwitch&archive.

30. 黄胜友 . 越南在侵占的中国南沙群岛修建武元甲公园 [EB/01]. 环球网. https://mil.huanqiu.com/article/9CaKrnJVDZ5.

31. 岳来群，梁英波，蔡宾立 . 印度尼西亚近期油气资源投资环境及勘探开发状况浅析 [EB/OL]. 国际石油网 .（2009-06-04）. http://oil.in-en.com/html/oil-365629.shtml.

二、译著及外文文献

（一）译著

1. [美] 塞利格・哈里森. 中国近海石油资源将引起国际冲突吗？ [M]. 齐沛合，译. 北京：石油化学工业出版社，1978.

2. [美] 艾・塞・马汉. 海军战略 [M]. 蔡鸿幹，译. 北京：商务印书馆，2003.

3. [澳大利亚] Mary Ann Palma. 菲律宾作为海洋和群岛国家的利益、挑战和前景 [R]. 新加坡拉贾惹南国际学院研究报告，2009-07-21.

4. [德] 乔尔根・舒尔茨，维尔弗雷德・A・赫尔曼，汉斯 - 弗兰克・塞勒 . 亚洲海洋战略 [M]. 鞠海龙，吴艳，译. 北京：人民出版社，2014.

5. [越] 刘文利. 越南：陆地、海洋、天空 [M]. 韩裕家，等，译. 北京：军事谊文出版社，1992.

6. [苏] 谢・格・戈尔什科夫．国家的海上威力 [M]．济司，等，译，北京：生活・读书・新知三联书店，1977．

7. [美] 阿尔弗雷德・塞耶・马汉．海权论：海权对历史的影响 [M]．冬初阳，译． 长春：时代文艺出版社，2014．

8. 戴维・K・怀亚特．泰国史 [M]．郭继光，译．上海：东方出版社，2009．

9. 特德・L・麦克德曼． 200 海里专属经济区损害了泰国渔业 [J]． 吴天青，等，译．高汉升，校． 东南亚研究，1987（4）：52–55．

（二）外文文献

1.Jason M Patlis, Rokhmin Dahuri, Maurice Knight, Johnnes Tulungen. “Integrated Coastal Management in a Decentralized Indonesia: How It Can Work”[J]. Pesisir & Lautan, 2001, 4(1).

2.Shafiah F. Muhibat. Maritime Security: Ongoing Problems and Strategic Implications[J]. EU-Asia Dialogue, 2012.

3.Mark Lowe. Tighten Security[J]. Maritime Review, June 18, 2012: http://www.marsecreview.com/2012/06/tighten-security/.

4.Prashanth Parameswaran.Beware the New China-Philippines South China Sea Deal[J].The Diplomat, August 17, 2017: https://thediplomat.com/2017/08/beware-the-new-china-philippines-south-china-sea-deal/.

5.Prashanth Parameswaran.The Risks of Duterte’s China and South China Sea Policy[J].The Diplomat, July 09, 2016: https://thediplomat.com/2016/07/the-risks-of-dutertes-china-and-south-china-sea-policy/.

6.Prashanth Parameswaran.The Danger of China-Philippines South China Sea Joint Development[J].The Diplomat, July 27, 2017:https://thediplomat.com/2017/07/the-danger-of-china-philippines-south-china-sea-joint-development/.

7.George Modelski, Willian R. Thompson. Seapower in Global Politics, 1494-1993[M]. Seattle: University of Washington Press, 1988.

8.Alfred Thayer Mahan. Naval Strategy Compared and Contrasted with the Principles and Practice of Military Operations On Land: Lectures Delivered at US

Naval War College, Newport, R I, Between the Years 1887 and 1911[M]. Boston: Nabu Press, 1918.

9.Prescott. The Maritime Political Boundaries of the World[M]. London: Methuen, 1985.

10.Bob Catley, Makmur Keliat. Spratlys:The Dispute in the South China Sea[M]. Aldershot : Ashgate Publishing Limited, 1997.

11.Alfred Thayer Mahan. The Influence of Sea Power Upon History, 1660-1783[M]. New York: Dodo Press, 2009.

12.Rolf Hobson. Imperialism at Sea: Naval Strategic Thought, the Ideology of Sea Power, and the Tirpitz Plan, 1875-1914[M]. Boston: Brill Academic Publishers, Inc., 2002.

13.John B Hattendorf. Naval Policy and Strategy in the Mediterranean: Past, Present and Future[M]. London: Frank Cass, 2000.

14.John B Hattendorf, Robert S Jordan. Maritime Strategy and the Balance of Power: Britain and America in the Twentieth Century[M]. London: Macmillan, 1989.

15.EricGrove. The Future of Sea Power[M]. London: Routledge, 1990.

16.James Goldrick, John B Hattendorf. Mahan is not Enough: The Proceedings of a Conference on the Works of Sir Julian Corbett and Admiral Sir Herbert Richmond[M]. Newport: US Naval War College Press, 1993.

17.Norman Friedman. Seapower as Strategy: Navies and National Interests[M]. Annapolis, Md: Naval Institute Press, 2001.

18.Ken Booth. Navies and Foreign Policy[M]. New York: Russak & Company Inc., 1977.

19.Christian Le Mière. Maritime Diplomacy in the 21st Century: Drivers and Challenges[M]. Publisher: Routledge, 2014.

20.Greg Kennedy Harsh V. Pant. Assessing Maritime Power in the Asia-Pacific: The Impact of American Strategic Re-Balance[M]. Publisher:Routledge, 2016.

21.Sam Bateman Ralf Emmers. Security and International Politics in the South China Sea: Towards a co-operative Management Regime[M]. Publisher: Routledge, 2008.

22. Jurgen Schwarz, Wilfried A. Herrmann Hanns-Frank Seller, Maritime

Strategies in Asia[M]. Bangkok: White Lotus Press, 2009.

23.Barry E Domvile. The Influence of Sea Power on British Strategy（lecture）[J]. Royal United Service Institute, 1935, 80: 468-469.

24.Julian Corbett. Some Principles of Maritime Strategy, with an Introduction and Notes by Eric J. Grove[M]. London: Brassey's Defense Publishers, 1988.

25.Raja Menon. Maritime Strategy and Continental Wars[M]. London: Frank Cass, 1998.

26.Michael I. Handel, Masters of War: Classical Strategic Thought[M]. London: Frank Cass, 2001.

27.Kringsak Kittichaisaree. The Law of the Sea and Maritime Boundary Delimitation in South East Asia[M]. Singapore: 0xford University Press, 1987.

28.Schwarz, Jurgen, Wilfried A. Herrmann & Hannas-Frank Seller:Maritime Strategies in Asia[M]. White Lotus co., Ltd. Bangkok 2002.

29.Sheldon W Simon. The Many Faces of Asian Security, The National Bureau of Asian Research[M]. Published in The United States of America By Rowman & Littlefield Publishers, Inc.4720 Boston Way, Lanham, Maryland 20706.

30.Senia Febrica. Maritime Security and Indonesia: Cooperation, Interests and Strategies[M]. Routledge, 27, March.

31. Admiral James Stavridis. Sea Power: The History and Geopolitics of the World's Oceans[M]. Publisher:Penguin, 2017.

32.Chester G Starr. Thucydides on Sea Power[M]. Mnemosyne: Fourth Series, 1978.

33.Ilias Iliopoulos. Strategy and Geopolitics of Sea Power Throughout History[J]. Baltic Security &Defense Review, 2009(11) .

34.Andreo Calonzo, Clarissa Batino. US-China War Over Sea Reefs Won't Happen, Philippines Says[EB/OL].(2017-02-02).https://www.bloomberg.com/news/articles/2017-02-02/don-t-worry-about-a-u-s-china-war-over-reefs-philippines-says.

35.US-China War over South China Sea Reefs Will not Happen, Says Philippines' Defence Secretary. South China Morning Post[EB/OL].(2017-02-03). http://www.scmp.com/news/china/diplomacy-defence/article/2067821/us-china-war-over-south-china-sea-reefs-will-not-happen.

36.Agreement Between the Government of the United States of America and the Government of the Republic of the Philippines Regarding the Treatment of United States Armed ForcesVisiting the Philippines[EB/OL]. https://2009-2017.state.gov/documents/organization/107852.pdf.

37.Manuel Mogato.Philippines Says US Military to Upgrade Bases, Defense Deal Intact[EB/OL]. https://www.reuters.com/article/us-philippines-usa-defence/philippines-says-u-s-military-to-upgrade-bases-defense-deal-intact-idUSKBN15A18Z.

38.Ben Tesiorna. Duterte Wants to End Military Exercises with US[EB/OL]. http://cnnphilippines.com/news/2016/09/29/Duterte-last-US-joint-military-exercise.html.

39.Leila Salaverria. No more foreign troops in PH in 2 years-Duterte[EB/OL]. (2016-10-26).Inquirer.net, http://globalnation.inquirer.net/148031/no-more-foreign-troops-in-ph-in-2-years-duterte.

40.Raissa Robles. Philippines Mulls US$500 Million Arms Buy from China. South China Morning Post[EB/OL].(2017-05-15). http://www.scmp.com/news/asia/diplomacy/article/2094364/philippines-500-million-loan-may-buy-military-hardware-china.

41.Michael Vatikiotis, Eye on the Islands[J]. Far Eastern Economic Review, 1991, 153(27).

42.Duterte's Hard Choice: Maintain the Alliance With the US or Mend Ties With China[EB/OL]. (2017-2-16).http:/ /www.Huffingtonpost.com/Rommel-c-banlaoi/Philippines-china-us-b-10028280 html.

43.See Linton F Brooks. Naval Power and National Security: The Case for the Maritime Strategy[J]. International Security, 1986(11).

44.James D Watkins. The Maritime Strategy[J]. Supplement to US Naval Institute, Proceedings, 1986, 1.

45.Victor Prescott, Clive Schofield. The Maritime Political Boundaries of the World[M]. Second Edition. Dutch: Martinus Nijhoff Publishers, 2005.

46.Benito Lim. Tempest over the South China Sea: The Spratlys[J]. Tulay-

Chinese-Filipino Digest, 2000, 1.

47.Rodney Tasker. Stake-out in the Spratlys[J]. Far Eastern Economic Review, 1978, 99(8).

48. Yosephine, Liza. "Govt: RI Does not Recognize China's Traditional Fishing Zone'', The Jakarta Post[EB/OL].(2016-03-25).http://www.thejakartapost.com/news/2016/03/25/govt-ri-does-not-recognize-chinas-traditional-fishing-zone.html.

49.Miguel D Fortes. The Philippine JSPS Coastal Marine Science Program: Status, problems and perspectives[EB/OL]. http://www.terrapub.co.jp/e-library/nishida/pdf/nishida_173.pdf.

50.Maribel Aguilos. Designing an Institutional Structure for Ocean Governance: Options for the Philippines[M]// In The Ocean Law and Policy Series, Quezon City. Philippines: Institute of International Legal Studies. University of the Philippines Law Center, 1998.

51.Prashanth Parameswaran. ExplainingIndonesia's "Sink The Vessels" Policy Under Jokowi[EB/OL].（2015-01-13）. http://thediplomat.com/2015/01/explainingindonesias- sink-the-vessels-policy-under-jokowi/.

52. Yu Miles. Et tu. Jakarta? The Washington Times[EB/OL].（2015-11-19）. http://www.washingtontimes.com/news/2015/nov/19/inside-china-china-concedes-natuna-islands-to-indo/?page=all.

53. Jianming Shen, International Law Rules and Historical Evidence Supporting China's Title to the South china SeaIslands[J].Hastings International and Comparative Law Review, 1997, 21(1).

54. Mushahid Ali. Maritime Security Cooperation The ARF Way[J].Idss Commentaries, 2003, 7.

55. Anthony Bergin. East Asian Naval Developments-sailing into Rough Seas[J]. Marine Policy, 2002(26).

56. Rizal Sukma. Indonesia's Security Outlook and Defense Policy 2012[M]// in Security Outlook of the Asia Pacific Countries and Its Implications for the Defense Sector. Tokyo: National Institute for Defense Studies, 2012.

57. Witular, Rendi A. 2014a. "okowi launches maritime doctrine to the world", The

Jakarta Post[EB/OL]. （2014-11-13）. http://www.thejakartapost.com/news/2014/11/13/jokowi-launches-maritime-doctrine-world.html.

58.Aaron Connelly. Sovereignty and the Sea: President Joko Widodo's Foreign Policy Challenges[J].Contemporary Southeast Asia, 2015, 37(1).

59.Sanjeevan Pradhan. China's Maritime Silk Route and Indonesia's Global Maritime Fulcrum: Complements and Contradictions[J]. Institute of Chinese Studies of India, 2016(12).

60.Felix K Chang. Comparative Southeast Asian Military Modernization-1[EB/OL].(2014-10-01). http://www.theasanforum.

61.Indonesia Declares War on Illegal Foreign Fishing Boats[N]. The Jakarta Globe , 2014-11-18.

62.Cherryta Yunia. Indonesia Country Status Report on MPAs Network[J]. Ministry of Forestry Indonesia, Hanoi, 2009(11).

63.Robert C Beckman J. Ashley Roach. Piracy and International Maritime Crimes in ASEAN Prospects for Cooperation[M].Published by Edward Elgar Publishing Limited The Lypiatts 15 Lansdown Road Cheltenham Gkis Gk502JA UK.P3.

64.Ministry of Marine Affairs and Fisheries Republic of Indonesia[EB/OL]. http://kkp.go.id/.

65.Amindoni, Ayomi. 2015. Indonesia sinks 106 foreign boats. The Jakarta Post, 30 October[EB/OL].http://www.thejakartapost.com/news/2015/10/30/indonesia-sinks-106-foreign-boats.html.

66.Ministry of Marine and Fishery[EB/OL]. http://kkp.go.id.

67.Duterte's Hard Choice: Maintain the Alliance With the US or Mend Ties With China[EB/OL].http://www.Huffingtonpost.com/Rommel-c-banlaoi/Philippines-china-us-b-10028280 html.

68.Mark J. Valencia and St. Munadjat Danusaputro, Indonesia:Law of the Sea and Foreign Policy Issues[J]. The Indonesian Quarterly, 1984(4).

69.Wong Hin Wei. MIMA Report on a Survey of Public Maritime Institutions and Agency in Malaysia[J].KualaLumpur, MIMA, 1997.

70.Malaysia Maritime EnforcementAgency[EB/OL].（2011-08-22）. http://www.mmea.gov.my/index.php?option=com_content&view=frontpage&Itemid=1&lang=cn.

71.John Bresnan. Indonesia and US Policy[EB/OL].http://www. Columbia.edu/cu/business/apec/publica/bresnan.pdf.